|飼 育 の 教 科 書 シ リ ー ズ|

ボールパイソンの教科書

How to keeping Ball Python

基礎知識から飼育と
多彩な品種紹介

lovely Ball Python

おっとりした子の多いボールパイソン。

ハンドリングを許してくれる子がほとんどでかわいらしいです、

日々の世話の中でたっぷりと愛情を注いであげましょう。

charming Ball Python

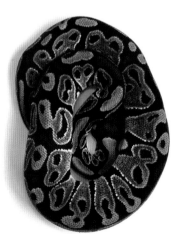

さまざまな品種が揃うボールパイソン。
同じ品種でも個体ごとに個性が見い出せて、
自分だけのボールパイソンを選ぶ楽しみもあります。

CONTENTS

Chapter 1 **ボールパイソンの基礎** ⋯⋯⋯⋯⋯⋯⋯ 008

飼育の魅力 ⋯⋯⋯⋯⋯⋯⋯⋯⋯⋯⋯⋯⋯ 010
はじめに ⋯⋯⋯⋯⋯⋯⋯⋯⋯⋯⋯⋯⋯⋯ 012
生態と分類 ⋯⋯⋯⋯⋯⋯⋯⋯⋯⋯⋯⋯⋯ 016
身体 ⋯⋯⋯⋯⋯⋯⋯⋯⋯⋯⋯⋯⋯⋯⋯⋯ 020

Chapter 2 **迎え入れから飼育セッティング** ⋯⋯⋯ 022

迎え入れ ⋯⋯⋯⋯⋯⋯⋯⋯⋯⋯⋯⋯⋯⋯ 024
持ち帰りと飼育環境の準備 ⋯⋯⋯⋯⋯⋯ 028
床材と水入れ・シェルター ⋯⋯⋯⋯⋯⋯ 030
保温器具と照明器具 ⋯⋯⋯⋯⋯⋯⋯⋯⋯ 032
ハンドリング ⋯⋯⋯⋯⋯⋯⋯⋯⋯⋯⋯⋯ 034

Chapter 3 **日常の世話** ⋯⋯⋯⋯⋯⋯⋯⋯⋯⋯⋯ 036

餌やり ⋯⋯⋯⋯⋯⋯⋯⋯⋯⋯⋯⋯⋯⋯⋯ 038
日常の世話と健康チェック ⋯⋯⋯⋯⋯⋯ 042

Chapter 4　品種 ·········· 044

優性遺伝の品種
デザート、キャリコ、スパイダー、ウォマ、ピンストライプ、レオパード、ジェネティックストライプ、ハーレキン、シャッター、トリック　etc.

劣性遺伝の品種
アルビノ、キャンディ・タフィー、ラベンダーアルビノ
キャラメルアルビノ、ウルトラメル、デザートゴースト
ゴースト、アザンティック、パイボールド、クラウン、ジェネティックストライプ etc.

共優性遺伝の品種
パステル、モハベ、イエローベリー、エンチ、バター、オレンジドリーム、コーラルグロウ、バナナ、バンブー、レッサープラチナ、モカ、ルッソ、スポットノーズ、シャンパン、GHI、マホガニー、バニラ、スペシャル、ミスティック、ファントム、ファイア、レモンバック、ヘテロハイウェイ、グラベル、スペクター、ヒドゥンジンウォマ（HGW）、ホフマン、ヘテロレッドアザンティック、シナモン、サイプレス、ブラックパステル、チョコレート、セーブル、レッドストライプ　etc.

Chapter 5　繁殖 ·········· 114

繁殖させる前に ··········· 116
ペアリングから交尾・産卵・孵化 ··········· 118

Chapter 6　ボールパイソンのQ&A ·········· 120

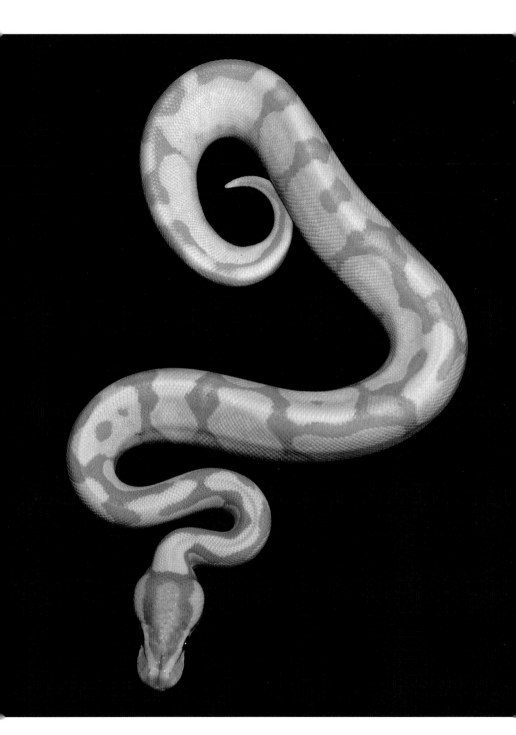

ボールパイソンの基礎

— Basics of Ball Python —

ボールパイソンとの生活を始めるあなたへ、
知っておくべき基礎知識を彼らの魅力と共にお伝えします。

01

飼 育 の 魅 力

　国内外でペットとしてかわいがられているヘビ、ボールパイソン。色みの強い派手な品種などたくさんの種類が流通し、自分だけのボールパイソンを見つける楽しみもあります。飼育下で繁殖された個体が流通の大半を占める現在、「最も飼育しやすいニシキヘビ」ということで人気が高いですが、じつは以前「餌を突然食べなくなる飼育の難しいヘビ」というイメージがありました。当時、野生個体の流通が主で自然下での生活史が強く影響していたり、現在のように飼育器具が揃っていなかったり、情報不足による飼育環境の不備などが原因と考えられます。現在は国内外の愛好家たちの努力により、飼育・繁殖技術が確立されたことで、ヘビの中でも広く愛されるペットとなっています。

　順番に話を進めていきますが、現在、流通するボールパイソンはその飼いやすさに加え、さまざまな魅力が人気の要因となっています。

・丈夫で飼いやすい
・鳴かない
・散歩不要
・おとなしくてハンドリングできる
・比較的小さなスペースで飼育できる
・多彩な品種が揃う
・1匹1匹に個性がある
・繁殖も狙える

　現在、市場に出回っているボールパイソンは、野生捕獲個体（WC／ワイルドコートの略。ワイルドと呼ばれます）ではなく、飼育下で生まれ育ったボールパイソンたち（飼育下繁殖個体はCB／シービーと呼ばれます）です。生まれながらにして飼育環境に慣れているため、ずっと飼いやすくなりました。そういったCBが流通するようになり、さらにさまざまな品種が作出され、世界中で愛されるヘビになったわけです。

　ビギナー向けでありながら、コーンスネークやキングスネークといった人気種に比べて、ボールパイソンの太短い体型は重

ヘビの仲間でも最もペット
として人気のある種類の1つ

おとなしく、おっとりした性格のものが多く、ハン
ドリングもしやすい

簡単な飼育セットで、紫外線灯も不要

餌は冷凍のマウス
かラット

繁殖にもチャレン
ジできる。ただし、
殖やしたベビーを
販売するには許可
が必要

量があり、ニシキヘビ科ならではの存在感を楽しめます。店頭ではさまざまな品種が並び、どの個体を選ぶか迷ってしまうほど。同じ品種でも模様や色合いに個性が見い出せるのも楽しいところです。

　なお、十分繁殖が狙えるボールパイソンですが、自分で殖やした子たちを一定数以上、譲渡・販売するには、動物取扱業という資格が必要となります。販売や繁殖を視野に入れている人は覚えておきましょう。ただし、殖やしたとしても、自分の元で飼育し続ける場合は不要です。

　爬虫類飼育の経験がない人がボールパイソンを飼うケースも増えてきています。これから初心者でもボールパイソンの飼育をスタートできるよう、覚えておきたい知識を紹介していきます。

LESSON

02

はじめに

　ボールパイソンは単に「ボール」と呼ばれたり、書籍によっては「ボールニシキヘビ」と紹介されています。敵に襲われたり警戒心が高まると、ボール状に丸まって頭部を埋めて身を守ることから、この名前が付けられました。日本で広く見かけられるアオダイショウやシマヘビとは異なり、ニシキヘビ科に分類される太短い体型をしたヘビで、重量感があります。大きな種類が目立つニシキヘビの仲間ですが、ボールパイソンは最大でも全長150cmほどとそれほど大きくありません。数値だけ見るとずいぶん大きく思えるかもしれませんが、長さで言えばアオダイショウやシマヘビと同じくらいです。

　先述のとおり、流通しているのは、自然下で捕獲されたものではなく、飼育下で繁殖されたボールパイソンがほとんどです。生まれた時から飼育環境下にいるため、野生捕獲個体よりもずっと飼いやすく、ペットとして飼育に向いているヘビと言えます。繁殖される過程でさまざまな品種が作出され、店頭には色とりどりのボールパイ

ソンが並んでいます。野生下ではさまざまな餌を捕食し、厳しい自然を生き抜いてきた中で怪我を負ったり、ダニなどの寄生虫やその他病原菌などを持っている場合もありますが、繁殖されたボールパイソンはヘビの餌として入手のしやすい、また、栄養価の面でも安心できるマウスやラットなどに餌付いていて、怪我や寄生虫などの心配も少ないのも大きな魅力です。

　さて、同じペットでも、ハムスターやインコなどと大きく異なる点は、ボールパイソンが爬虫類であるということ。つまり、

外温動物です。自分の体温を調整するため、さまざまな温度帯へ移動することで上げ下げを行なっています。体温を上げることで活発に動けるようになり、代謝も上がって食べた餌を消化できるようになります。熱帯魚などの魚類は「水温」の管理を水中ヒーターで行い、温度管理が比較的容易ですが、爬虫類は「気温」を飼育者がコントロールしなければなりません。アフリカ原産のボールパイソンにとって、日本の冬は寒過ぎるので、保温器具を設置してあげたり、飼育環境内に温度勾配を作ってボールパイソンが好きな温度帯を選べるようにしてあげる必要があります。とはいえ、現在はさまざまな飼育用品が市販されており、難しいことではありません。ケース内の一部を暖めることで、それ以外の場所が涼しくなるようにセッティングすればOK。ただし、身動きできないようなあまりに狭いケースでは温度勾配ができにくくなるため、ある程度のスペースが必要です。

　飼育するうえでは水も大事なポイント。

全ての生き物にとって、水は生きていくうえで大事な要素です。ボールパイソンも例外ではなく、水容器を設置してあげましょう。アフリカのサバンナに暮らしていたボールパイソンですが、野生下での主な生活場所は他の動物が掘った穴やアリ塚で、外と比べて暗くて湿度の高い環境です。爬虫類用のシェルターなどを設置することで、ねぐらを再現します。

　爬虫類の中でもヘビの餌やりは楽な部類です。中にはミミズやカタツムリ、カエルなどの両生類しか食べない偏食の種類もいますが、ボールパイソンを含むペットとして人気の高いヘビは、大半がマウスもしくはラットが餌。冷凍マウスや冷凍ラットの各サイズが専門店で入手できます。これを解凍して適度な温度にしてから与えることになります。マウスやラットを与えるのにどうしても抵抗のある人は諦めましょう。また、冷凍マウスや冷凍ラットを冷蔵庫に入れて保存しておきますが、1人暮らしでない人は家族の理解を得ておくか、専用の冷蔵庫を用意する必要が出てくるかもしれません（給餌ペースが頻繁でないヘビ愛好家の中には、餌やりのたびに必要な匹数をお店に買いに行く人もいます）。なお、冷凍マウスに代用できる人工飼料は現在、ほ

ぽ知られていません。毎日与えなくても良く、市販されているボールパイソンはほとんどが餌付いた個体なので、餌やりで苦労することはほぼありません。後述しますが、餌やりのコツは「餌の温度」と「におい」です。

　爬虫類飼育で重要な要素となる光ですが、幸い、夜行性のボールパイソンには紫外線灯を照射する必要もありません。あえて設置するのであれば観賞用のライトでOK。ライトがなくても大丈夫です。ベテラン飼育者になって本格的に繁殖させたいと考えているような人は、季節ごとに日照時間を変えたりしているケースもありますが、そうしなくても繁殖させている人もいます。

　ペットショップにはたくさんの飼育用品が並び、どれを使ったらいいのか迷ってしまうかもしれません。専門店に足を運び、アドバイスを受けながら選んでも良いし、ボールパイソン飼育セットが売っていればそれも便利。爬虫類イベントなどで衝動買いした場合は、器具ブースに立ち寄って飼育セットを揃え、購入先でその個体が食べている餌の種類とサイズ、給餌ペースを確認しておきます。

LESSON

03

生 態 と 分 類

野生個体はアフリカ大陸中部から西部にかけてのサバンナや疎林、乾いた草原などに分布しています。基本的に夜行性で、暑い昼間は地中のトンネル内に潜み、涼しい夜が訪れると、入り口まで出てきて餌を待ち伏せしたり、獲物を探しに周辺を徘徊する生活です。利用しているのはアリ塚や齧歯類の掘った穴で、中に入ると温度が低く湿度の高い寝ぐらです。四季のある日本とは違い、雨季と乾季のある気候区分で、年に2回雨季が訪れます。雨季になるとサバ

ンナに植物が茂り、生きものたちも活発に行動します。ボールパイソンも雨季になると餌となる小動物がたくさん出現するので、春に孵化した幼体たちはこの時期、たくさんの餌を食べて成長することで乾季に備えるわけです。特に野生個体で見られた、飼育下で餌を食べない時期があるのもこういった生活史を送っているから。野生下ではこういった生活を送っているんだということを知識として覚えておくと、飼育しているなかで何かトラブルがあった際、原因を探りやすくなるはずです。

和名はボールパイソンで、学名は*Python regius*。学名は世界共通で、仮に海外の人とボールパイソンの話をする機会があったら、相手が学名さえ知っていれば話が通じるはずです。

分類のうえだと、ボールパイソンは爬虫類の仲間のうちのニシキヘビ科で、さらに細かく言えば、有鱗目（他にワニ目・カメ目・ムカシトカゲ目）の1つ、ヘビ亜目（他にトカゲ亜目・ミミズトカゲ亜目）のニシキヘビ科（他にナミヘビ科・ヤスリヘビ科・

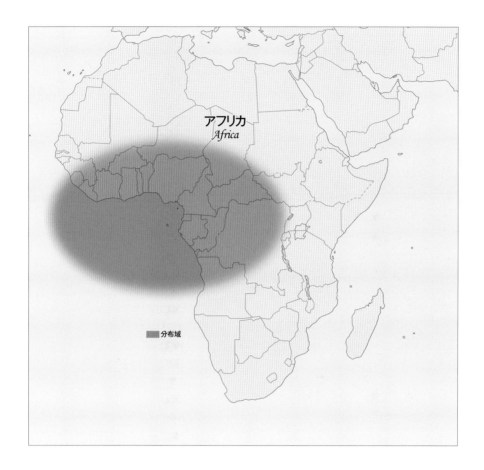

アフリカ
Africa

分布域

クサリヘビ科・イエヘビ科・コブラ科など）
のニシキヘビ属（他にアメリカネズミヘビ
属・ナメラ属・トビヘビ属など）の1種と
いうことになります。四肢がないという特
徴は共通しているものの、世界中にはさま
ざまなヘビが棲んでおり、餌や生活場所も
いろいろ。餌用のマウスやラットは冷凍保

存でき、栄養価も良く便利な餌で、齧歯類
を主に食べるヘビには重宝します。一方、
ヤモリなどの爬虫類だけしか食べないヘビ
やカタツムリやナメクジだけを食べる偏食
の種もいて、そういったヘビは餌の確保な
どに苦労する場合があります。一部の専門
店で餌用ヤモリが入手できますが、マウス

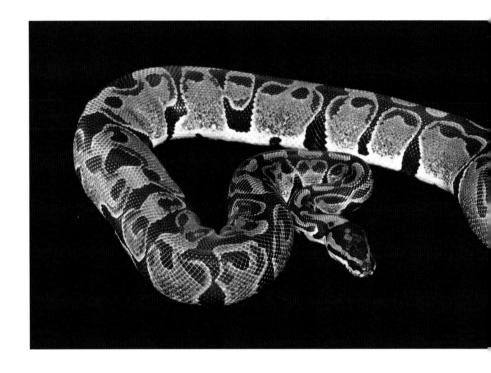

の比ではありません。ボールパイソンはマウスやラットを食べるので、餌の確保などに困ることはほぼなく、その点でも初心者が飼いやすいヘビだと言えます。

　ヘビの仲間の生活場所もさまざまで、ボールパイソンのように地表棲の種類以外にも、樹上や地中・水辺、ウミヘビ以外でも水中で主に暮らす仲間がいます。トカゲも地中や地表・樹上などで暮らす種がいますが、水中生活を送るものはいません。カメは、ウミガメが水棲（海水）なほか、水

中と水辺を行き来する種が大半を占め、リクガメなど地表生活者がいるものの、樹上生活を送るカメはいません。生活様式がここまで多様に渡る仲間は、爬虫類の中でもヘビだけです。

　飼育するうえで細かな分類まで覚えておく必要はありませんが、ボールパイソンは爬虫類の仲間の一員であるということを最低限頭に入れておくと理解が深まり、飼育のうえでも役立つ場面があるはずです。

基本用語集

—— Basic glossary of Ball Python ——

WC	wild caught の略。ワイルドと呼ばれます。野生捕獲個体。
CB	captive breed の略。CB ／シービーと呼ばれます。飼育下繁殖個体。
FH	farm hatch の略。自然下で捕獲した卵を孵化させた個体。
CH	持ち腹個体と同じ意。captive hatch の略で、野生捕獲個体から得られた仔。
総排泄口	糞や尿・卵・精子を排出する器官。
ピット	赤外線の感知器官。上顎と下顎に開いた穴の奥に備わります。温度を感知して餌を捉えるもの。
ヤコブソン器官	においを感知する器官。口の奥に備わり、舌を出し入れしてにおいの粒子を捉え、ヤコブソン器官へ運びます。
サイテス	ワシントン条約（Convention on International Trade in Endangered Species of Wild Fauna and Flora）の名称。野生動植物の国際取引に関する条約で、附属書Ⅰ～Ⅲにカテゴライズされます。ニシキヘビ科全種が掲げられている附属書Ⅱにボールパイソンが含まれます。
パイソン	ニシキヘビ科 Pythonidae の総称。ボールパイソンはニシキヘビ科のニシキヘビ属 Python の1種。
拒食	雨季と乾季のある地域に分布するボールパイソンは、野生下だと雨季に餌を捕らえ、乾季は穴ぐらの中で餌を食べずに乗り切ります。乾季は半年前後にも及び、飼育下でも餌を食べない時期が訪れることも。
ケージ	爬虫類用飼育ケースなど。
シェルター	隠れ家。爬虫類用の製品が使い勝手が良くおすすめ。
ウエットシェルター	上に水を注ぐことのできる陶製の製品が広く使われています。内部の湿度を保てるため非常に便利。
ホットスポット	hot spot。飼育環境内に作った暖かい場所。
ハンドリング	手に乗せること。大型個体では腕や肩なども使ってハンドリングします。飼育開始直後や餌の消化中、脱皮後などは控えます。
ファーストシェッド	孵化後、最初の脱皮。
スーパー体	共優性（共顕性）遺伝の品種がホモ結合した表現。
ヘテロ	対立遺伝子の同じものが2つ揃った状態。
ホモ	対立遺伝子が1つだけ収まった状態。
ライン	血統を示すもの。VPI アザンティックの VPI ラインやノコラインなどのほか、日本でも Bp・Supply ラインなどが知られています。
孵卵材	卵を孵卵するための土など。

LESSON
04

身 体

全長は110〜150cmで、括れた頭部と太い胴に続く短い尾で構成されます。ほぼ同サイズのアオダイショウやシマヘビと比べて胴体が太いため、とぐろを巻いた状態でも体重はだいぶ重たいです。ヘビの口は構造上、びっくりするほど大きく開くことができ、大きな餌を飲み込むことができます。太い胴体は獲物を絞め殺すためのもの。飼育下でレイアウトするシーンはあまり見かけられませんが、流木などを入れると立体活動を行うこともできます。体色は褐色から明褐色。ベビーはより鮮やかで、成長に伴いくすんでいくことが多いです。野生個体でも美しい模様をしたヘビで、飼育下で品種改良されたものはさらに派手な色彩や模様をしています。模様のほとんどない品種や目の色が違う品種なども作出され、野生個体と同種とは思えないほど。なお、胴体と尾の境ですが、裏側を見るとよりわかりやすいです。総排泄口という糞尿や卵を排泄する器官があり、そこから上が胴、下が尾となります。顔をよく見てみると、上顎に穴が並んでいるのがわかります（一部、

ポッピング

プロービング。オスはより深く入る

プロービング。メスはオスよりも深く入らない

下顎にもありますが見えにくいです）。奥にはヤコブソン器官というにおいを感知する器官を備え、また、ピットという熱を感知する器官も持っています。この器官のおかげで、暗い夜でも獲物の体温やにおいで探索・捕獲することができるわけです。飼育下においては、われわれ人間の視覚的な感覚ではなく、彼らは主に「におい」と「熱」で獲物を捉えるということを知っておきま

頭
目を横切るように明るいラインが入る

体表
細かな鱗が並ぶ

鼻孔
内部にはヤコブソン器官（においを感知する）器官が備わる

舌
二又に分かれ、出し入れすることでにおいをヤコブソン器官へ伝える

ツメ
雌雄共に持つ

尾
他のヘビに比べて短い

総排泄口
糞尿や卵が排泄される

目
瞼を閉じることはできない。瞳孔は縦長の形状で、猫のように明るさによって面積が変化する

ピット
ここで熱を感知する

しょう。言うまでもないですが、ボールパイソンに毒はありません。

　雌雄判別は難しいので、専門店のスタッフに確認してもらいます。「ボールパイソン　アルビノ（2018CB）♂」などと表記してあることが多いですが、まだ判別されていない個体などの場合はスタッフに頼んで確認してもらうと良いでしょう。雌雄判別にはポッピングやプローブという道具を使って判断します。

迎え入れから
飼育セッティング

—— from pick-up to breeding settings ——

気に入ったボールパイソンを見つけたら、
いよいよ飼育のスタートです。
末長く付き合えるよう、
迎え入れから飼育セッティングについて解説します。

LESSON
01

迎 え 入 れ

初めて飼う爬虫類がボールパイソンだというビギナーは、FH（Farm Hatched）の略。生息地であるアフリカにてボールパイソンの繁殖場で生産されたもの）やWC個体よりも、飼育下繁殖個体（CB）が飼いやすくおすすめ。見かけられる多くのボールパイソンがCBですが、時折、FHやWCも流通します。このFHを元に欧米でさまざまな品種が作出され、現在のボールパイソンブームに繋がりましたが、FHの流通量は以前に比べて減っています。ベテラン飼育者はFHから好みの個体を選んで育て上げる人がいますが、初心者は先述のとおり餌付いているCBを選ぶと良いでしょう。

入手先は、全国にある爬虫類専門店などで。専門知識のあるスタッフがおり、さまざまな相談に乗ってくれるはずです。個体選びからアフターケアまでサポートしてくれるので、特に初心者は専門店で探すと良いでしょう。インターネットで近くの専門店を探してみてもいいし、爬虫類雑誌には

全国の専門店の広告が掲載されているので、そちらを参照してみてください。ホームセンターや総合ペットショップなどでボールパイソンが売られていることもあり、そちらで購入しても良いですが、専門スタッフがいるかどうか、購入後も安心してアドバイスを受けることができるかどうかなどを考えると、やはり専門店での購入が推奨されます。安いからといって他店で購入したボールパイソンについて、専門店のスタッフに相談するのは些かマナー違反。そのお店でどのように管理されていたのかわからないので、専門店側も安直に返答できないものです。購入先で聞いてくださいと言われても仕方ありません。

なお、現在、爬虫類の通信販売は動物取扱業の取得者でないと法律上、購入することができません。生き物を購入するため、実物を確認したうえで、きちんとした説明を受けなければなりません。ですから、直接、店頭に足を運んで実際にボールパイソ

さまざまな品種が流通するボールパイソン。
お気に入りの個体探しも楽しい

ンを見て、店員さんに相談に乗ってもらい
ながら個体選びをすると良いでしょう。気
になる個体が見つかったら、店員さんに頼
んでケースから出してもらったりすること
もできます。その際、動きや餌食いなどを
確認しておきます。ボール状に固く丸まっ
たままの個体は初心者にはやや難しいかも
しれません。それだけ警戒心が強く、また、
表情などを確認しにくいからです。与えら

FHの成体。通常は幼体で入荷される。
初心者はCBを選びたい

たくさんの品種が揃う専門店の
ボールパイソンコーナー

餌となるマウス
やラットを取り
扱っているお店
が近くにあるか
調べておく

専門店の飼育ケースコーナー。
飼育するボールパイソンの大
きさに合わせてケースの容量
を選択する

れている餌の種類や量、給餌ペースなどを確認すると共に、飼育温度や個体の癖なども聞いておきます。飼育設備がないのであれば、飼育する個体に合った製品をアドバイスしてくれるでしょう。

　爬虫類イベントやブリーダーズイベントといった展示即売会でも、ボールパイソンを入手することができます。ヘビの中でも1、2位の人気種であるボールパイソンは、たいていのイベントで見かけられます。1日もしくは2日間の開催がほとんどで、全国の専門店が参加している爬虫類イベントはとても楽しいものですが、混雑していることも多く、じっくりと話を聞きたいという初心者はお店に足を運んだほうが良いでしょう。一方、ブリーダーズイベントは東京や関西、四国などで開催されているもので、秋に開催されることが多いです。暑過ぎず寒過ぎず、持ち帰りやすい気候の秋に行われるのも嬉しいですが、春から夏にかけて繁殖された幼体たちが販売可能なサイズになった秋にイベントを迎えるという意味でも秋に開催されています。HBM（東京）・ぶりくら市（関西）・とんぶり市（東京）・SBS（香川県）が代表的なブリーダーズイベントで、どれも愛好家にたいへんな人気で開場前に行列ができるほど。日本生まれの日本育ちのボールパイソンは飼育しやすいし、殖やしたブリーダーさんから直接購入できるのも大きなメリットで、参考展示として種親を持ってきているブースもあります。こういったイベントの開催情報は、爬虫類専門誌（レプファンやクリーパー、ビバリウムガイド）のほか、各イベントのホームページやSNSから得ることできます。

　また、同じ規格の電化製品などとは違い、1匹1匹個性のある生き物なので、同じ品種でも購入先によって値段が異なることがほとんどです。日本生まれなのか海外生まれ

なのかなど、さまざまな要因で値段が決められているので、あそこの店よりこっちの店のほうが安いからという視点で選ぶのはナンセンスです。気に入った個体がいたら、それは他では見つからない1匹です。お店やブリーダーさんによっては、多少の値段交渉に応じてくれるかもしれませんが、特にイベント中に執拗に価格交渉をするのは控えましょう。

　稀に、ボールパイソンを購入後、家族の理解が得られなかったと返品したいというケースが見られます。ご家族と同居されている場合は、ペットとしてヘビを迎え入れる旨を伝え、同意を得ておきましょう。もちろん、餌の冷凍マウスも冷蔵庫に入ることになることも断っておき、難しい場合は餌用の冷凍庫を別に用意するなどします。また、マンションなどの集合住宅での飼育は物件によってまちまちなので、事前に不動産会社もしくは大家さんに確認しておきます。

ヒーター類なども各メーカーから各サイズ販売されているので、飼育ケースの床面積に合わせて選ぶと良い

餌やりに使うピンセットなども専門店で入手できる

爬虫類イベントやブリーダーズイベントではたくさんのボールパイソンに出会える良い機会。
ただし、混雑していることがほとんどなのでじっくり選びたい人は専門店での購入がおすすめ

LESSON

02

持ち帰りと
飼育環境の準備

持ち帰りかた

さて、購入する個体が決まったら、確認書にサインをして（爬虫類の購入の際に法律上決められている手続きです）、連れて帰るわけですが、たいていはヘビが落ち着きやすいよう小さなカップに入れてくれます。SNSなどでヘビの知識のない人が、あんなに狭いケースではかわいそうだと言う書き込みなども稀に見かけられますが、ヘビは狭く薄暗い場所を好む習性があります。ちょうど薄暗い隠れ家の中で休んでいるような状態が落ち着くので、広過ぎる入れ物は不向きというわけです。地面や壁面に接している面積が広いほど落ち着きやすく、実際の飼育ケースでもシェルターを入れてあげると良いです。自宅まではすみやかに、寄り道などしないで連れて帰りましょう。冬場は寒さに当てないように、暑い夏は車内に置きっぱなしにしないようにしてください。お店でも冬場はカイロを貼

り付けてくれます。車移動の場合は、エアコンの吹き出し口付近に置くと過度に乾燥してしまうおそれがあるので注意します。

飼育環境はあらかじめセッティングしておいたほうがスムーズですが、ボールパイソンの場合、比較的簡単な器具で揃えられるので、購入が決まった時点でお店で必要なものを買い揃えても大丈夫です。

飼育に必要な器具

□ケージ（爬虫類用飼育ケースなど）
□床材（ペットシーツなど）
□シェルター（必要に応じて）
□水入れ（飼育個体が身体を浸すことのできる容量のもの）
□シートヒーター（ケース底面積の半分程度の製品）
□温度計・湿度計（数値を見る癖をつけておくとベター）
△蛍光灯（観賞用として。なくてもOK）

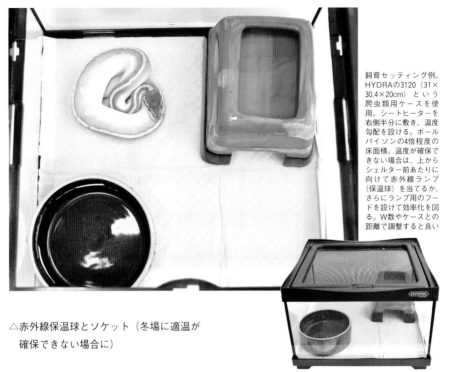

飼育セッティング例。HYDRAの3120（31×30.4×20cm）という爬虫類用ケースを使用。シートヒーターを右側半分に敷き、温度勾配を設ける。ボールパイソンの4倍程度の床面積。温度が確保できない場合は、上からシェルター前あたりに向けて赤外線ランプ（保温球）を当てるか、さらにランプ用のフードを設けて効率化を図る。W数やケースとの距離で調整すると良い

△赤外線保温球とソケット（冬場に適温が確保できない場合に）

　ケージとは飼育ケースのこと。ガラス製やアクリル製、プラケースなどの材質があり、店頭には爬虫類用のさまざまな製品が各サイズごとに市販されています。飼育個体の大きさに合わせたものが便利ですが、大型個体は力が強いので脱走されないよう、ロックまたは鍵のできる爬虫類用ケースが使い勝手が良くおすすめ。床面積を重視して、飼育個体がとぐろを巻いた状態で4倍程度の面積のものを選びます。幼体はフラットタイプのプラケースが管理しやすいでしょう。成長に合わせて飼育ケースの容量をサイズアップしていきます。成体は力が強いのでそれに見合った爬虫類用飼育ケージや厚さのあるアクリル製のケースなどを用います。

　いずれにせよ脱走されない形状のものにしてください。飼育ケースの置き場所は安定した所にしましょう。直射日光が強く当たる場所や人の出入りの多い玄関、その他温度差のはげしい場所は避けます。一般的に、同じ部屋の中でも床のほうが涼しいので、適当な場所を用意してあげましょう。

03

床材と水入れ・シェルター

　専門店などにはさまざまな爬虫類用の床材が使われています。使い勝手もさまざまで飼育者の好みによって分かれるところです。ボールパイソンには、清潔で管理しやすいペットシーツがよく使われています。汚れたら簡単に交換できて便利。吸水性が高いので、ケース内が乾燥しやすく、ウエットシェルターを設置することでカバーできます。新聞紙やキッチンペーパーといった紙類も交換の容易さから使われることが多いです。紙の性質上、ボールパイソンにぐちゃぐちゃにされてしまうこともままある

のがやや難点。見ためも良いウッドチップは汚れた部分だけを取り除くことができますが、木の粉塵が出てしまいます。アスペンチップも使いやすい床材で、同じように汚れた箇所のみ取り除いて管理します。赤玉土などは自然っぽい印象になり、見ためも良いのですが、土埃がボールパイソンにまとってしまったりケース内壁に付着して、まめな掃除が必要となります。なお、太い流木などを入れてレイアウトに高低を付けることで温度勾配を設けたり、運動量を増やすこともできますが、やや玄人向け。初心者は管理のしやすいシンプルな飼育環境のほうが良いでしょう。なお、脱皮不全を起こしやすい個体には、湿度を奪いやすいペットシーツではなく、アスペンやバークチップを用いてもかまいません。

　水入れは常設して毎日交換します。ボールパイソンがいつも清潔な水を飲めるように。水入れの中で糞をすることも多いので、その都度交換してください。こちらもさま

ペットシーツの使用例

爬虫類・両生類用のウエットシェルター。上に水を注ぐことのできる製品で、専門店などで各サイズが販売されている

ざまな製品が流通していますが、ボールパイソンがひっくり返さないような、ある程度重量のある安定したものを選びます。容量はとぐろ大か少し大きい程度のもので。飲水目的と、ケース内の湿度を上げる意味もあります。ボールパイソンが中に入ることで身体の保湿効果も期待できます。ベテラン飼育者は脱皮前のみ大きな水容器を入れ、それ以外は飲み水用の小さな容器を設置している場合もありますが、初心者はとぐろ大の水入れを常設すれば良いでしょう。なお、脱水状態になると、便秘の原因にも繋がることもあります。

　シェルターは落ち着かせるために設置します。こちらもさまざまな製品が流通していますが、ウエットシェルターが向いています。飼育個体がとぐろを巻いた程度のサイズにして、体が密着できるものを選びます。落ち着いた個体であればシェルターはなくてもかまいませんが、本来、薄暗く湿度の高い穴ぐらで休む習性があるので、基

本的には設置してください。ウエットシェルターの設置前と掃除の際は、水に5分ほど沈めてから使うとより効果的です。安定した餌食いを見せ、スムーズに脱皮しているボールパイソンには設置しなくてもかまいませんが、初心者は基本的にウエットシェルターを入れたほうが良いでしょう。

LESSON

04

保温器具と照明器具

赤道下のアフリカ中央部から西アフリカに生息するボールパイソンは、ヘビの仲間でも比較的高い飼育温度を要求します。北米原産のコーンスネークなどよりも高い温度を用意する必要があり、そういったヘビを飼育している経験のある人は気をつけてください。ケース内に温度勾配を設け、ボールパイソンが移動することで温度の低い場所・高い場所を選べるようにヒーターをセッティングします。ケースの下（ケース内ではありません）に敷くヒーターが各サイズ流通しているので、見合ったものを購入しましょう。ケースの半分ほどにヒーターを当てることで、ヒーター上が暖かい場所（ホットスポットと呼びます）、そこから離れると涼しい場所という具合にすれば簡単に温度勾配ができます。床面の全面に敷いてしまうと勾配ができないので、必ず半分程度に。気温の目安は通年暖かい場所で30℃、夜は28℃程度に設定します。自動的に適温を提供するヒーターや、ダイヤルで温度調整ができるタイプなどがあるの

で、合ったものを選べば良いです。夏場、あまりに高温になってしまう場合は部屋のエアコンを稼働させるか、涼しい場所に移動してください。逆に、冬場に適温が得られない場合は、保温球を上から当てて温度を確保します。この保温球は赤色の電球のもので、明るくするためのものではなく、熱を照射するための製品。ワット数もさまざまなので、飼育ケースのある環境に合わせて選んでください。爬虫類用のサーモスタットに接続し、センサー部分をケース内の床面付近の涼しいほうに設置すると管理がしやすいです。

気温は、お住まいの地域や住宅状況によってさまざまです。マンションなどは比較的安定した気温だし、木造一軒家は外気温の影響を受けやすいものです。同じ家でも1階と2階でも、北側と南側でも気温が異なります。飼育部屋の温度に合わせて温度管理を行ってください。適度な温度が得られず、冬場、ヒーター上でじっとしているボールパイソンは低温火傷を引き起こすこ

爬虫類用ヒーター各種。サイズもいろいろなものが市販されている

保温球各種。光ではなく温度を飼育ケース内に提供する。十分な温度が確保できない際、上から照射して使用

ともあります。そういった行動が見られたら保温球などで適温を確保するようにします。あくまで先述の温度は目安程度に、飼育している個体の様子を観察することで、実際に適温かどうかを判断すると良いでしょう。

たくさんのボールパイソンを飼育している人は、飼育部屋のエアコンを稼働させて丸ごと温度管理していることも多いです。ただし、各ケース内の温度勾配は必要なので、先述したようにヒーターを敷いてホットスポットを作っています。いくつかの飼育ケースをガラス温室にまとめて収容し、温室自体を保温することで基本的な温度を得ている場合もあります。

エアコンを稼働させた際は、乾燥しやすくなるので、湿度に注意し、必要に応じて加湿器などを飼育部屋に設置します。あまりに乾燥が過ぎると脱皮不全などに繋がるので、特に冬場は留意してください。

照明器具は基本的には不要です。ボールパイソンは夜行性で、薄暗い環境を好む生き物です。特に、アルビノなどの品種は強い光を嫌います。観賞目的で設置したい場合に照射するくらいですが、たいていの愛好家は付けていません。設置する場合でも観賞魚用の照明設備で十分で、紫外線灯などは不要です。

なお、ブリーダーによっては年間の気温と照明の点灯時間に変化を付けているケースもあります。冬場の夜間をさらに下げ、25〜27℃にし（昼間は同じ）、照明時間も季節ごとに変化を設けて季節を感じさせ、より繁殖しやすいようにしているとのことですが、繁殖を狙うのでなければ通年、昼間30〜32℃、夜は27℃ほどの温度管理でOKです（そうしなくても繁殖しているケースもあります）。

ガラス温室での管理例。温室内を保温すると同時に、各飼育ケースにも温度勾配を設けるよう下にヒーターが敷かれている

LESSON

05

ハンドリング

　ボールパイソンを飼育するうえで、ハンドリングする機会が出てきます。ケースを掃除する時など、一時的にボールパイソンを外に出して、床材をメンテナンスしたりしなければなりません。初めての爬虫類がボールパイソンというビギナーの中には、ヘビ＝噛んでくる生き物、というイメージを抱いている人もいるかもしれませんが、ほとんどのボールパイソンはおとなしく、噛んでくることはほとんどありません。むしろ、神経質な個体などは頑なに丸くなってしまい、防御一辺倒の場合もあります。参考までに、ヘビが噛んでくる場合には、恐怖から攻撃してくるパターンと、餌と間違えて噛み付いてくるパターンがあります。嫌がっているのに執拗に触り続けるなどして、どうにもこうにも噛むしかないような状況になって初めて噛んできたり、空腹時、こちらの手をずっと追尾してしてくるのは、餌だと勘違いされていることが多いです。顔の前に手を近づけたりせず、餌やりはピンセットで行うことで避けます。

　ハンドリングの際は、お腹の下にそっと手を入れるようにし、ボールパイソンの身体が安定するようにそっと掬い上げます。実際に触れてみると、つるつるした肌触りだったり、筋肉の力強さを体感できることでしょう。怖がって頭や首・尾だけを持ち上げることはしないでください。ボールパイソンの身体にかなり負荷がかかってしまいます。丸まっているボールパイソンはさっとそのまま持ち上げて、手のひらの上に乗せるように移動させます。

　万が一噛まれたら、ボールパイソンの歯が折れたり口を怪我させてしまうこともあ

ハンドリングの例。下から安定するように持ち、ボールパイソンと触れる面積を広くするようにするのがコツ

悪い例。一部だけをつまみ上げるように持ち上げることはしないこと

るので、慌てて手を引き抜こうとせず、じっと耐えます。餌ではないとわかったら離してくれます。なかなか離してくれない場合は、水道の蛇口の所まで連れて行って頭に水を当ててみてください。噛まれたとしても人間のダメージはそれほどではなく、念のため消毒するくらいで大丈夫なことがほとんどです。

頑なに丸まったままのボールパイソン。ハンドリングは容易だが、触れるとますます丸まってしまう

Chapter

3

日常の世話

—— e v e r y d a y　c a r e ——

日頃の主な世話は、餌やりと掃除。
清潔な環境を心がけて、
適切な餌を個体に合ったペース・量を与えてあげましょう。

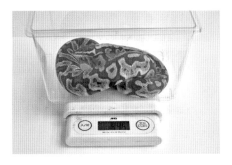

LESSON

01

餌 や り

餌やりの時間はボールパイソンに限らず、ペット飼育で一番楽しい瞬間かもしれません。初めての人は、いつもおとなしいボールパイソンの捕食の際のすばやさに驚かされることでしょう。品種改良が進んだボールパイソンですが、捕食の瞬間は野生み溢れる動きで、捕えた獲物を逃すまいといったん身体を丸めて締め、ゆっくりと飲み込んでいきます。ヘビの頭部の骨の構造は独特で、大きな獲物を飲み込むことができるようになっています。

ボールパイソンは餌を熱とにおいで捉えるため、解凍したままではなく、餌を温めてから与えるとより食いつきが良くなります。鼻先に近づけただけで食いついてくる個体もいれば、なかなか捕食行動に移ってくれない個体もいます。顔先に近づけてそっと離してみると食べてくれることもあります。この加減は、何度か餌やりを経験すると慣れてきます。

与える餌は、飼っているボールパイソンのサイズに合わせたものを使います。冷凍の餌用マウスやラットが各サイズ流通しているので、餌を入手できる専門店が近くにあるかどうか事前に調べておきます。なお、マウスはハツカネズミ、ラットはドブネズミを餌用に養殖したもので、ラットのほうが大型です。ピンクマウスは生まれて間もない2、3cmのサイズで毛も生えていません。ファジーマウスは毛が生え始めた3、4cm、ホッパーはやや大きく毛が生え揃った段階で、アダルトは名のとおり大人のマウス。幼体のボールパイソンにはピンクマウスのLサイズ（4g程度）を与えます。成長に伴い、ファジーマウス（10g程度）、リタイヤマウス（40g程度）、ラット（ホッパーからアダルトで80gほど）とサイズアップをしていきます。

いずれも冷凍されているので、40〜45℃くらいのぬるま湯に15分ほど浸けて解凍してから指でマウスのお腹を触ってみます。冷たくなければ解凍完了ということでこの

給餌前に40〜45℃の湯に15分ほど浸して解凍する

左からリタイヤマウス（約40g）・ファジーマウス（約10g）・Lサイズのピンクマウス（約4g）。冷凍された状態で販売されている

解凍できたら、再び40〜45℃の湯に浸して温めるとより良い

リタイヤマウス（左）とラット（右）の比較

ピンセット各種。さまざまなタイプが市販されているので、使いやすいものを選ぶと良い

まま与えても良いですが、もう一度新しいお湯（同じく40〜45℃）を用意して1分ほど温めてから、ペットシーツに置くなどして水気を切り、ピンセットで摘んで与えるとより食いつきが良くなります。餌の真ん中あたりをやや斜に摘むようにし、餌の頭の方向からくわえさせるようにするとボールパイソンが飲み込みやすいです。逆方向からでは餌の手足が引っかかって飲み込みにくいことがあります。

　与えるペースは、幼体で週に1〜2度、成体で月に2度ほどが目安。飼育環境や個体差があるので、各自、飼育しているボールパイソンと相談して量とペースを見極めます。体型を見ることはもちろんですが、食べ終わった後に舌を出して周囲をきょろきょろと見渡しているような仕草を見せたら、まだ食べたいというサインです。

解凍・温めができたらピンセットで給餌。やや斜めに身体の真ん中あたりを摘んで、マウスの頭からくわえさせるようにボールパイソンへ差し出す

ボールパイソンは主に餌の温度とにおいに反応する。餌を探知するとすばやく噛み付き、捕らえるとすぐに絞める

　一方で、ボールパイソンが餌を食べなくなることがあります。餌の温度が低かったり、餌の種類が好きではないのかもしれません。体重を測定しているとわかりやすいですが、食べなくても体重が急激に落ちないので、無理に食べさせようとせず、様子をみます。餌を食べない要因にはさまざまなことが考えられます（巻末のQ&Aでも詳しく紹介しているので参照してください）。

　給餌の際は、メモをしておくと管理しやすいです。日付と量、餌の種類を記録しておきましょう。

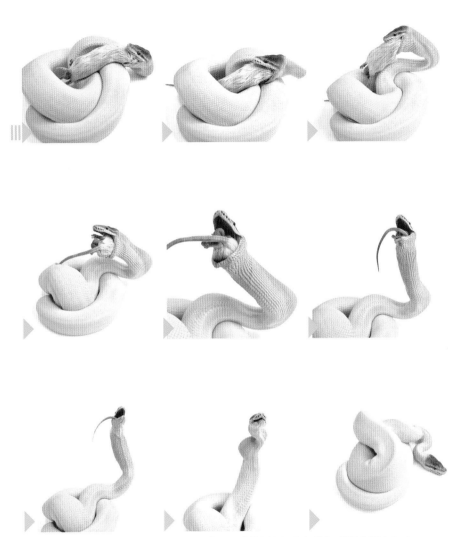

飲み込み始めるボールパイソン。顎を左右ずらしたり体勢を変えたりしながらゆっくりと飲み込んでいく

LESSON

/02

日常の世話と健康チェック

餌やり以外の日常の世話は、掃除と健康チェックが挙げられます。水入れや床材が汚れていたら交換し、常時清潔な環境にしてください。糞を見つけたら取り除きます。水入れの中にしていたら水を交換し、床材の上なら床材ごと交換してください。ケース内も汚れてくるので、定期的にケースを丸洗いしてきれいに保ちましょう。また、メンテナンス時に体重を測定しておき、給餌メモと一緒に記録を付けておくとのちのち安心です。

温度管理は季節ごとに多少変わってくると思います。冬場に飼育部屋をエアコンで保温している場合などは特に乾燥しやすいので、夜、ケースまたは部屋の照明を切る前にケース内壁へ霧吹きをして湿度を高めると良いでしょう。夏場、猛暑日が続いた時期など飼育ケース内が異常に高温になっていないか注意します。必要に応じて、エアコンを稼働させたり、涼しい場所に移動させるなど対応してください。

成長するにつれて、脱皮をして大きくなっていきます。正常に脱皮できると頭から尾まできれいに剥けます。脱皮前になると目が白濁してきたり、全体の色がくすんでくるので脱皮だとわかるでしょう。

病気などが疑われたら、購入先のスタッフに相談し、必要に応じてボールパイソンを診てもらえる動物病院を紹介してもらいます。よく見られるトラブルに脱皮不全があります。早めに対処することが大事です。脱皮不全をよく起こすボールパイソンには2日1度ほどアリオンシェッドを吹きかけておくと、皮膚の新陳代謝が良くなり、以降の脱皮不全防止が期待できます。また、飼育個体が入るようなサイズのプラケースなどにボールパイソンの身体全体が浸かる程度の水を入れ、数時間、そのままにしておくと改善されやすいです。

ダニや寄生虫は繁殖個体が流通の主を占

床材・シェルターが汚れていたら掃除し、常に清潔に

ボールパイソンの糞。白いのは尿酸

糞に毛が混じるが、これは餌の体毛であり、異常な糞ではない

脱皮前のボールパイソン。目が白濁しているのがわかる

定期的に体重測定をすると健康管理しやすい

める現在、あまり見られなくなりましたが、もし疑いがある場合は、初心者は動物病院へ連れて行くことをおすすめします。ボールパイソンの他にもヘビやトカゲなど他のペットを飼育していると、ダニが移ってくることがあります。通常、黒いゴマ粒よりやや小さめのダニが見られ、温浴させるなどの対応をします（こちらも巻末のQ&Aで詳しく紹介）。マウスロットという口内に炎症ができて、ねばねばした唾液が確認できたり、膿が溜まったりする症状が見られたら一般の飼育者には対応が難しいため、獣医師に指示を仰ぎます。このマウスロットとよく似た呼吸器疾患も同様（こちらもQ&A参照）。

　複数匹飼育している場合は、購入個体を1カ月ほど隔離飼育します。神経異常のような変な動きを見せ、やがて呼吸が苦しそうになって死亡する病気が知られています。それを予防するためにしばらく近づけないようにするのです。

　脱走はヘビ飼育につきものと言えるかもしれません。現在は、大きな地震などの災害といった事態も考慮したほうが安全です。予防が第一。まず、しっかりと蓋のできるケースや鍵のある専用ケースを用います。万が一脱走された時のことを考えて、飼育部屋の扉は開けっぱなしにしないこと。見知らぬ人からしてみれば、おとなしいボールパイソンでも大きなヘビです。ニュースにならないよう、絶対に屋外に逃げられないようにしてください。

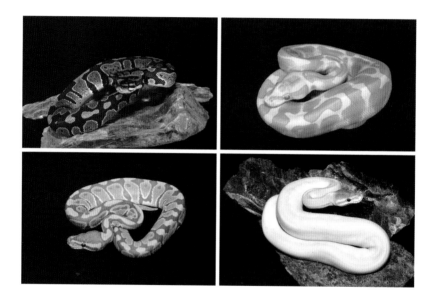

Chapter
4

品 種

—— m o r p h ——

数多くの品種が揃うボールパイソン。
それだけでも迷ってしまいますが、同じ品種でも血統や個体ごとに差異が見られ、
自分だけのボールパイソンを見つけるのも楽しい時間。
たくさんの写真と共に紹介していきます。

優性遺伝の品種

ノーマル

　FHやWCを指しますが、CBでも存在します。販売時に「FH」「トーゴ産 WC」「2019CB」などの表記が記してあることがほとんどですが、ない場合はお店のスタッフに確認しましょう。色合いや模様などはノーマルからさまざまな個性が見られ、ここから数多くの品種が誕生しました。最もボールパイソンらしい外見をしており、派手な品種が揃う現在でも根強い人気があります。ただし、ビギナーは専門店やブリーダーの元で餌付いたCBを選ぶと良いでしょう。

さまざまなサイズのノーマルが流通する

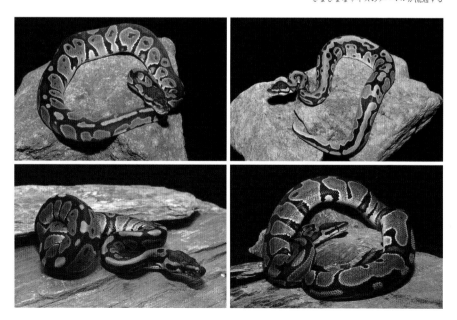

FHで輸入された個体

FH（ガーナ産）

FH。ストライプタイプ

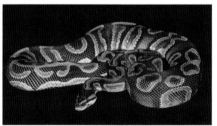

FH。ジャガータイプ

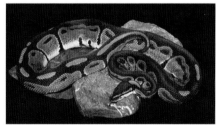

FH。ブラックバックタイプ

FH。ブラック

FH。クラッシックジャングル

優性遺伝の品種

◎デザート　◎キャリコ（バブルガムキャリコやシュガーというライ
ンもある）　◎スパイダー　◎ウォマ　◎ピンストライプ
◎レオパード　◎ジェネティックストライプ　◎ハーレキン
◎シャッター　◎トリック　etc.

デザート　優性遺伝

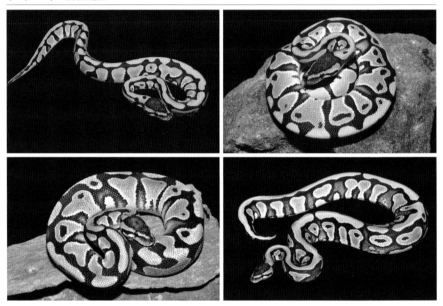

デザートピンストライプ　デザート＋ピンストライプ

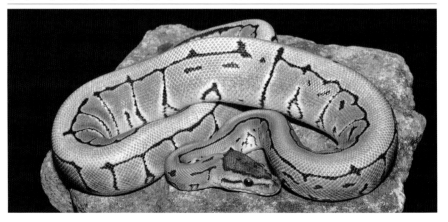

シトラスパステルデザート　デザート＋シトラスパステル

キャリコ（バブルガム／シュガー）優性遺伝

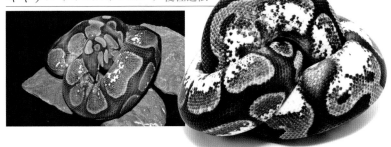

パステルキャリコ
キャリコ＋パステル

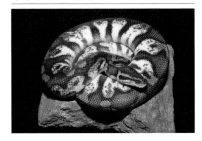

パステルバブルガムキャリコ
パステル＋バブルガムキャリコ

シトラスパステルバブルガムキャリコイエローベリー
シトラスパステル＋バブルガムキャリコ＋イエローベリー

スパイダー
優性遺伝

パステルバブルガムキャリコ
パステル＋バブルガムキャリコ

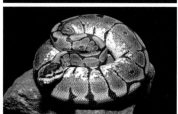

クィーンビーバブルガムキャリコ
パステル＋レッサー＋スパイダー＋
バブルガムキャリコ

エンペラーピンエンチキャリコ
キャリコ＋エンチ＋ピンストライプ＋パステル
＋レッサー

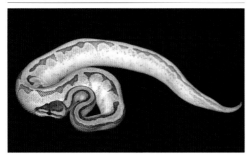

フレームスパイダー
スパイダー＋フレーム

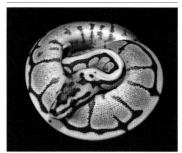

バンデットスパイダー
スパイダー＋バンデット

レッサースパイダー
スパイダー＋レッサー

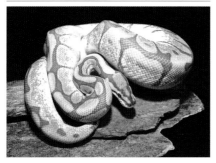

スパイダーイエローベリー
スパイダー＋イエローベリー

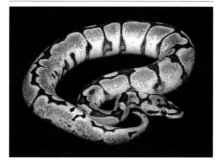

スピナー
スピナースパイダー＋ピンストライプ

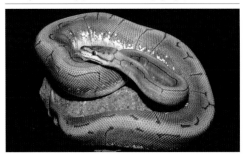

スパイダーキャンディーノ
スパイダー＋キャンディ＋アルビノ

スパイド　スパイダー＋パイボールド

キラースピナー
パステル＋パステル＋
スパイダー＋ピンストライプ

バンブルビー　スパイダー＋パステル

ウォマ　優性遺伝

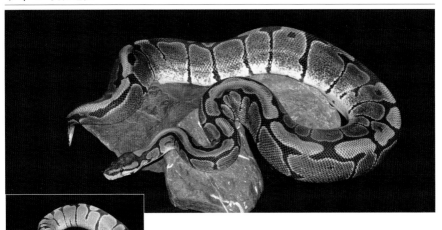

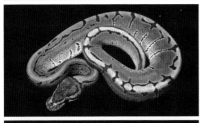

ピンストライプ　優性遺伝

パステルウォマ　ウォマ＋パステル

ウォマピンバブルガムキャリコGHI
ウォマ＋バブルガムキャリコ＋GHI

キングピン ピンストライプ＋レッサー

ピンストライプイエローベリー
ピンストライプ＋イエローベリー

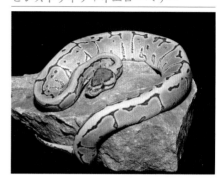

ピンパイボールフルホワイト
ピンストライプ＋パイボールド

スーパーストライプ
イエローベリー＋スペクター

キングピンスケールレス
ヘッドWHSライン
ピンストライプ＋レッサー＋スケールレスヘッドWHSライン

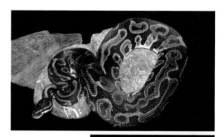

レオパード
優性遺伝

レオパードドリーム レオパード＋オレンジドリーム

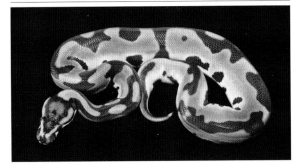

スーパーパステル
レオパード
レオパード＋
パステル＋パステル

ハーレキン
優性遺伝

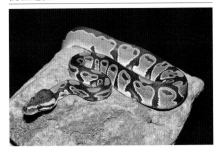

レオパードスパイダー
レオパード＋スパイダー

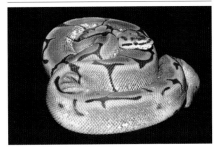

クィーンビーレオパード
レオパード＋パステル＋
レッサー＋スパイダー

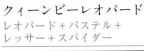

ファイアシャッター
シャッター＋ファイア

劣性遺伝の品種

劣性遺伝の品種

◎アルビノ　◎キャンディ・タフィー　◎ラベンダーアルビノ
◎キャラメルアルビノ　◎ウルトラメル　◎デザートゴースト
◎ゴースト　◎アザンティック　◎パイボールド　◎クラウン
◎ジェネティックストライプ　etc.

アルビノ　劣性遺伝

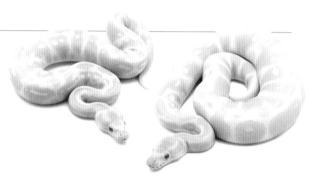

ハイコントラストアルビノ
劣性遺伝

アルビノピンストライプ
アルビノ＋ピンストライプ

ブラックパステルアルビノ
アルビノ＋ブラックパステル

タフィー　優性遺伝

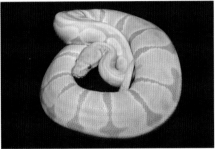

タフィーノ　アルビノ＋タフィー

キャンディーノ
アルビノ＋キャンディ

大きさと色彩の比較。
上：アルビノの成体、
下：タフィーノの幼体

ラベンダーアルビノ　劣性遺伝

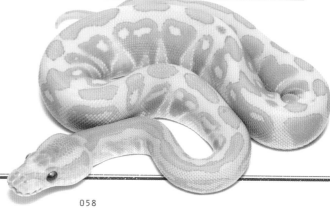

ラベンダーアルビノピンストライプ　ラベンダーアルビノ＋ピンストライプ

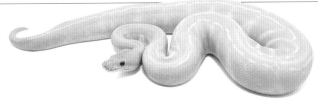

キャラメルアルビノ　劣性遺伝

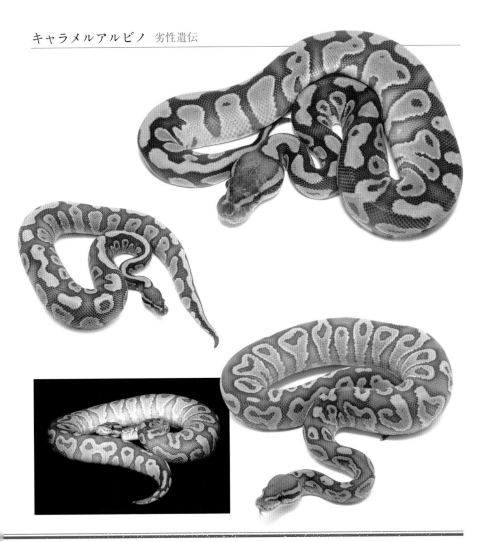

キャラメルアルビノモハベ
キャラメルアルビノ＋モハベ

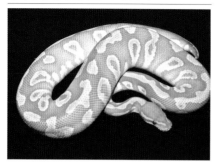

パステルキャラメルアルビノ
キャラメルアルビノ＋パステル

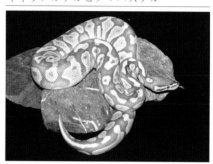

ウルトラメル　劣性遺伝

ウルトラメルコーラルグロウジグソー
ウルトラメル＋コーラルグロウ＋モハベ
＋ピンストライプ

デザートゴースト
劣性遺伝

パステルデザートゴースト
デザートゴースト＋パステル

レッサーデザートゴースト
デザートゴースト＋レッサー

ゴースト　劣性遺伝

イエローゴースト
劣性遺伝

バターゴースト
ゴースト＋バター

パステルゴースト
ゴースト＋パステル

ゴーストGHI　ゴースト＋GHI

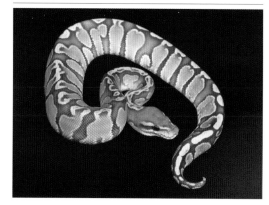

ピューターゴースト
ゴースト＋シナモン＋パステル

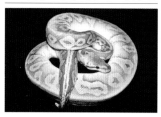

チョコレートゴースト　ゴースト＋チョコレート

エンチゴースト
ゴースト＋エンチ

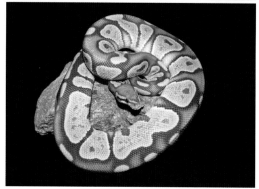

ピンストライプゴースト
ゴースト＋ピンストライプ

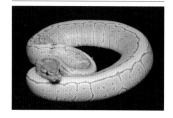

VPIアザンティック
劣性遺伝

アザンティックスパイダー
アザンティック＋スパイダー

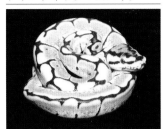

VPIアザンティックスパイダー
VPIアザンティック＋スパイダー

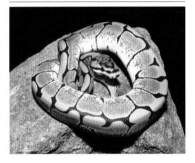

バンブルビーTSKアザンティック
TSKアザンティック＋パステル＋スパイダー

スピナーVPIアザンティック
VPIアザンティック＋スパイダー＋
ピンストライプ

VPIアザンティックバンブルビー
VPIアザンティック＋
パステル＋スパイダー

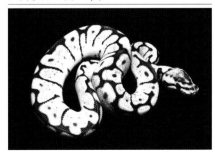

VPIアザンティックレオパード
VPIアザンティック＋レオパード

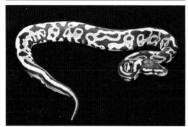

パステルパイボールド
パイボールド＋パステル

パイボールド　劣性遺伝

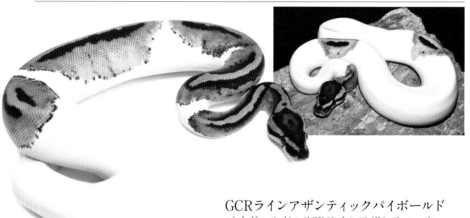

GCRラインアザンティックパイボールド
パイボールド＋GCRラインアザンティック

レオパードパイボールド
パイボールド＋レオパード

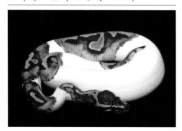

ハイホワイトアルビノパイボールド
パイボールド＋ハイホワイトアルビノ

スパイド
スパイダー＋パイボールド

ホワイトウェディング
スパイダー＋パイボールド（※全身
の模様が消失した表現）

クラウン
劣性遺伝

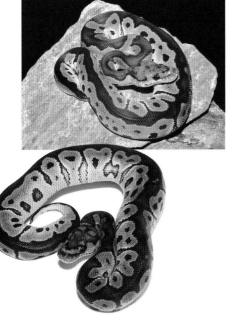

パステルクラウン
クラウン＋パステル

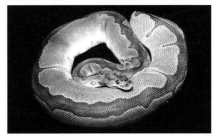

パステルレオパードクラウン　クラウン＋レオパード＋パステル

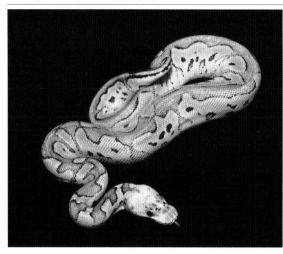

パズルクラウン　クラウン＋パズル

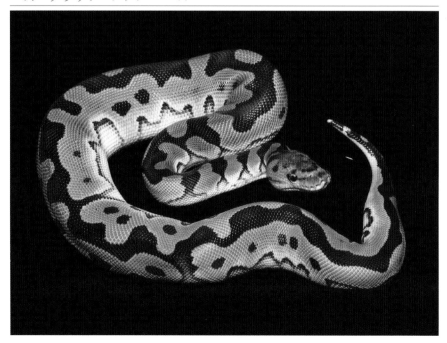

ジェネティックストライプ 劣性遺伝

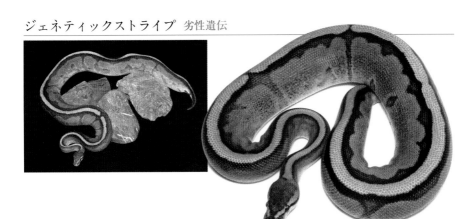

パステルオレンジゴースト
ジェネティックストライプ
ジェネティックストライプ＋
パステル＋オレンジゴースト

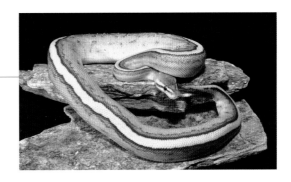

パステルジェネティックストライプ ジェネティックストライプ＋パステル

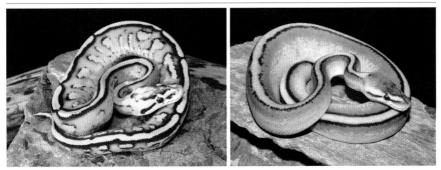

共優性遺伝の品種

共優性遺伝の品種

◎パステル （優性形質：スーパーパステル）　◎モハベ （優性形質：スーパーモハベ）

◎イエローベリー （優性形質：アイボリー）　◎エンチ （優性形質：スーパーエンチ）

◎バター （優性形質：スーパーバター）　◎オレンジドリーム （優性形質：スーパーオレンジドリーム）

◎コーラルグロウ （優性形質：スーパーコーラルグロウ）　◎バナナ （優性形質：スーパーバナナ）

◎バンブー（優性形質：ブルーアイリューシスティック＝バンブー＋スーパーレッサー／バター／ミスティック／ルッソ／ファントム）　◎レッサープラチナ （優性形質：スーパーレッサープラチナ）

◎モカ （優性形質：ラテ）　◎ルッソ （優性形質：スーパールッソ（ホワイトダイヤモンド）

◎スポットノーズ （優性形質：スーパースポットノーズ）　◎シャンパン （優性形質：スーパーシャンパン）

◎GHI （優性形質：スーパーGHI）　◎マホガニー （優性形質：スーパーマホガニー）

◎バニラ （優性形質：スーパーバニラ）

◎スペシャル （優性形質：スーパースペシャル／クリスタル＝スペシャル＋モハベ）

◎ミスティック （優性形質：スーパーミスティック／ミスティックポーション＝ミスティック＋モハベ）

◎ファントム （優性形質：スーパーファントム／オパールダイヤモンド＝ファントム＋ルッソ／パープルパッション＝ファントム＋モハベ）

◎ファイア （優性形質：スーパーファイア／バニラクリーム＝ファイア＋バニラ）

◎レモンバック （優性形質：スーパーレモンバック）　◎ヘテロハイウェイ （優性形質：ハイウェイ）

◎グラベル （優性形質：スーパーグラベル／ハイウェイ＝グラベル＋イエローベリー／フリーウェイ＝アスファルト＋イエローベリー／プーマ＝スパーク＋イエローベリー）

◎スペクター （優性形質：スーパースペクター／サイクロン【スーパーストライプ】）

◎ヒドゥンジンウォマ（HGW） (優性形質：スーパーヒドゥンジンウォマ／ソウルサッカー＝レッサー＋HGW)

◎ホフマン （優性形質：スーパーホフマン）

◎ヘテロレッドアザンティック （優性形質：レッドアザンティック／オニキス＝ブラックパステル＋ヘットレッドアザンティック／ガーゴイル＝シナモン＋ヘットレッドアザンティック）

◎シナモン （優性形質：スーパーシナモン）　◎サイプレス （優性形質：スーパーサイプレス）

◎ブラックパステル （優性形質：スーパーブラックパステル／シルバーストリーク＝ブラックパステル＋スーパーパステル／エイトボール＝シナモンブラックパステル）

◎チョコレート （優性形質：スーパーチョコレート）　◎セーブル （優性形質：スーパーセーブル）

◎レッドストライプ （優性形質：スーパーレッドストライプ／レッドデビル＝スーパーレッドストライプ＋ジェネティックストライプ）

etc.

パステル　共優性遺伝

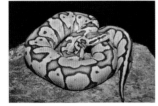

パステルBp・Supplyライン
共優性遺伝

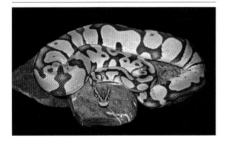

バーガンディパステル
共優性遺伝

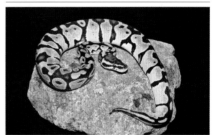

スーパーパステル
パステルのスーパー体（優性形質）

スーパーパステルBp・Supplyライン
パステルのスーパー体（優性形質）

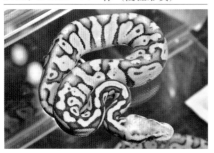

パステルイエローベリー
パステル＋イエローベリー

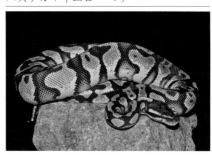

パステルヒドゥンジンウォマ
パステル＋ヒドゥンジンウォマ

パステルGHI　　パステル＋GHI

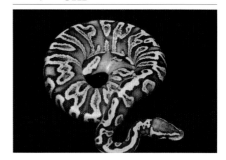

ファイアフライ　　パステル＋ファイア

パステルレッドストライプ
パステル＋レッドストライプ

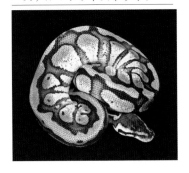

パステルレッサー　パステル＋レッサー

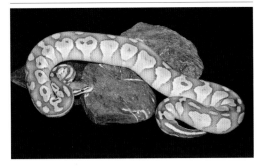

パステルアザンティック　パステル＋アザンティック

パステルヘットレッド
アザンティックオレンジドリーム
パステル＋ヘットレッドアザンティック＋
オレンジドリーム

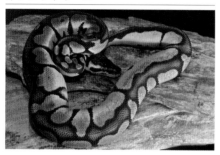

パステルクィーンビー
パステル＋パステル＋
レッサー＋スパイダー

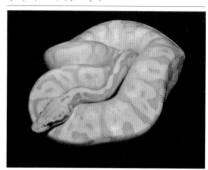

スーパーパステルアザンティック
パステル＋パステル＋アザンティック

スーパーパステルバター
スーパーパステル＋バター

スーパーパステルパズル　パステル＋パステル＋パズル

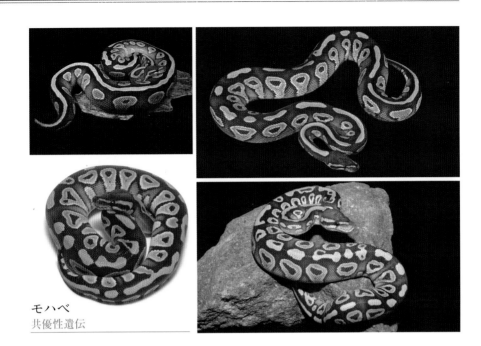

モハベ
共優性遺伝

ブルーアイリューシスティック（スーパーモハベ）
モハベのスーパー体（優性形質）

GHIモハベ　モハベ＋GHI

モハベスパイダー
モハベ＋スパイダー

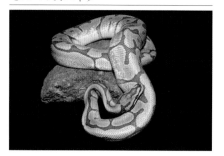

モハベVPIアザンティック
モハベ＋VPIアザンティック

シナモンモハベ
モハベ＋シナモン

バンブルビーモハベ
モハベ＋パステル＋スパイダー

トリックモハベ　モハベ＋トリック

イエローベリー　共優性遺伝

アイボリー
イエローベリーのスーパー体（優性形質）

パステルイエローベリー
イエローベリー＋パステル

レオパードイエローベリー
イエローベリー＋レオパード

ファイアフライイエローベリー
イエローベリー＋ファイア＋パステル

バブルガムキャリコイエローベリー
イエローベリー＋バブルガムキャリコ

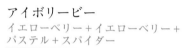

アイボリービー
イエローベリー＋イエローベリー＋
パステル＋スパイダー

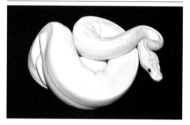

アイボリーレオパード
イエローベリー＋イエローベリー＋
レオパード

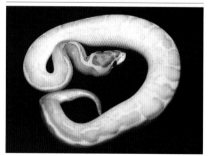

パステルアイボリー
イエローベリー＋イエローベリー＋
パステル

エンチ　共優性遺伝

スーパーストライプ
イエローベリー＋スペクター

スーパーエンチ　エンチのスーパー体（優性形質）

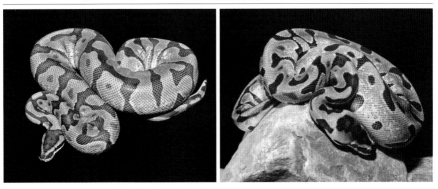

エンチGHI　エンチ＋GHI

エンチゴースト　エンチ＋ゴースト

エンチレッサー　エンチ＋レッサー

エンチレッドストライプ
エンチ＋レッドストライプ

エンチシャンパン
エンチ＋シャンパン

エンチミモザ
エンチ＋シャンパン＋ゴースト

エンチバニラクリーム
エンチ＋バニラ＋ファイア

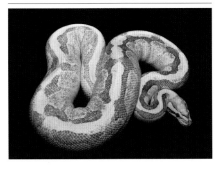

エンチレモンブラスト
エンチ＋パステル＋ピンストライプ

エンチキャリコクィーンビー
エンチ＋キャリコ＋パステル＋
レッサー＋スパイダー

ハイコントラストエンチアルビノ
エンチ＋ハイコントラストアルビノ

パステルエンチアルビノ
エンチ＋パステル＋アルビノ

ピューターエンチスパイダー
エンチ＋シナモン＋パステル＋スパイダー

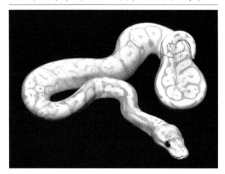

スーパーエンチバンブー
ヒドゥンジーウォマ
エンチ＋バンブー＋ヒドゥンジンウォマ
＋エンチ

シャンパンスーパーエンチ
シャンパン＋エンチ＋エンチ

バター
共優性遺伝

バターシャンパン
バター＋シャンパン

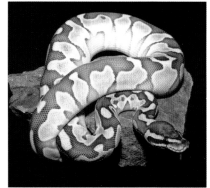

バターイエローベリー
バター＋イエローベリー

パステルバターゴースト
バター＋パステル＋ゴースト

バターセンチネル
バター＋センチネル

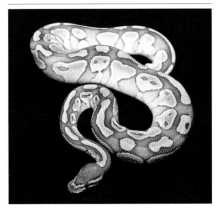

パステルバターゴーストストライプ
バター＋パステル＋
ゴースト＋ジェネティックストライプ

バタービーGHI
バター＋パステル＋スパイダー＋GHI

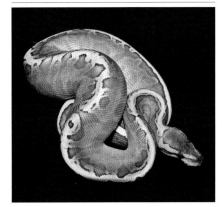

バターサークル バター＋サークル

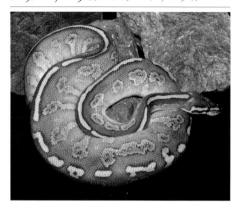

バターエンチスケール
レスヘッド
バター＋エンチ＋スケールレスヘッド

スターリングバター
シナモン＋
パステル＋パステル＋
バター

オレンジドリーム
共優性遺伝

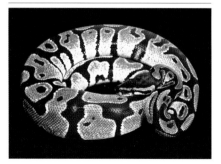

スーパーオレンジドリーム
オレンジドリームのスーパー体（優性形質）

パステルオレンジドリーム
オレンジドリーム＋パステル

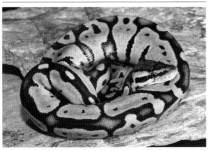

オレンジドリームGHI
オレンジドリーム＋GHI

オレンジドリームバンブルビー
オレンジドリーム＋
パステル＋スパイダー

バニラオレンジドリーム
オレンジドリーム＋バニラ

オレンジドリームシナモンエンチイエローベリー
オレンジドリーム＋シナモン＋エンチ＋イエローベリー

スーパーオレンジドリーム
スパイダーイエローベリー
オレンジドリーム＋オレンジドリーム＋スパイダー＋イエローベリー

コーラルグロウ
共優性遺伝

コーラルグロウクラウン
コーラルグロウ＋クラウン

コーラルグロウレッドストライプ
コーラルグロウ＋レッドストライプ

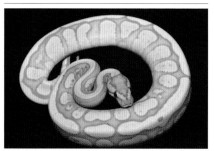

コーラルグロウビー
コーラルグロウ＋パステル＋スパイダー

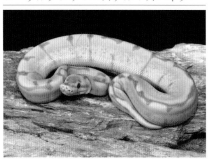

コーラルグロウブラックパステル
コーラルグロウ＋ブラックパステル

コーラルグロウ
ジェネティックストライプ
コーラルグロウ＋
ジェネティックストライプ

コーラルグロウレッサー
コーラルグロウ＋レッサー

パステルコーラルグロウ
コーラルグロウ＋パステル

パラドックスコーラルグロウ
コーラルグロウ

コーラルグロウガーゴイル
ヘテロレッドアザンティック＋
コーラルグロウ＋シナモン

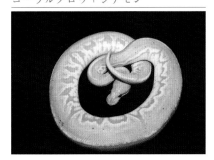

シトラスパステルコーラルグロウ
コーラルグロウ＋シトラスパステル

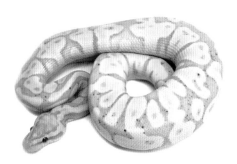

バターコーラルグロウクラウン
コーラルグロウ＋バター＋クラウン

コーラルグロウエンチ
コーラルグロウ＋エンチ

コーラルグロウレッサー
ピンストライプ
コーラルグロウ＋レッサー＋ピンストライプ

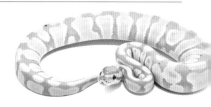

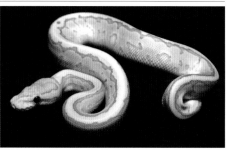

コーラルグロウノコスペシャル
チョコレート
コーラルグロウ＋ノコスペシャル＋
チョコレート

コーラルグロウブラック
パステルピンストライプ
コーラルグロウ＋ブラックパステル＋
ピンストライプ

ブライトオレンジコーラル
グロウピンストライプ
ブライトオレンジコーラルグロウ＋
ピンストライプ

パステルエンチコーラル
グロウパイド
パステル＋エンチ＋コーラルグロウ＋
パイボールド

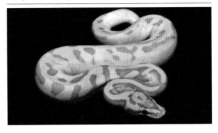

シトラスパステルコーラルグロウ
コーラルグロウ＋シトラスパステル

キラーコーラルグロウクラウン
コーラルグロウ＋パステル＋パステル＋
クラウン

コーラルグロウバブルガム
キャリコエンチイエローベリー
コーラルグロウ＋バブルガムキャリコ＋
エンチ＋イエローベリー

バナナ　共優性遺伝

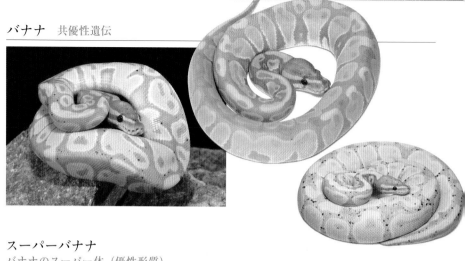

スーパーバナナ
バナナのスーパー体（優性形質）

バナナブラックパステル　バナナ＋ブラックパステル

バナナブラックピューター
バナナ + ブラックパステル + パステル

バナナレッサー
バナナ + レッサー

バナナシナモン　バナナ + シナモン

バナナスパイダー
バナナ + スパイダー

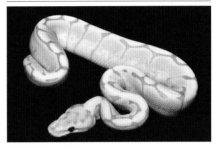

バナナイエローベリー　バナナ + イエローベリー

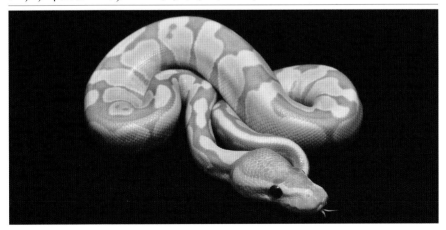

パステルバナナ　バナナ＋パステル

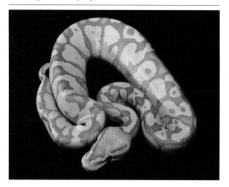

バナナエンチシナモン
バナナ＋エンチ＋シナモン

バナナパステルファイア
バナナ＋パステル＋ファイア

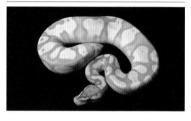

スーパーブラックパステルバナナ
バナナ＋ブラックパステル＋
ブラックパステル

パステルエンチバナナ
バナナ＋エンチ＋パステル

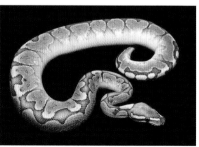

バンブー　共優性遺伝

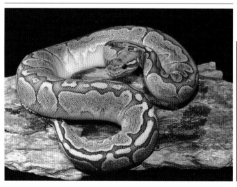

レッサー　共優性遺伝

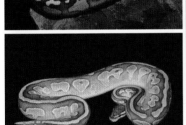

バンブーゴースト
バンブー＋ゴースト

パステルレッサー
レッサー＋パステル

レッサーバンデット
レッサー＋バンデット

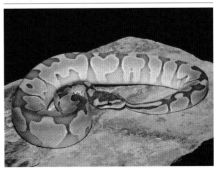

レッサークリスタル
レッサー＋モハベ＋スペシャル

スターリングレッサー
レッサー＋パステル＋パステル＋
シナモン

モカ
共優性遺伝

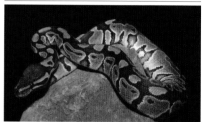

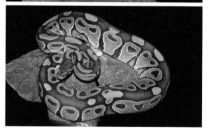

レッサースピナーブラスト
レッサー＋スパイダー＋
ピンストライプ＋パステル

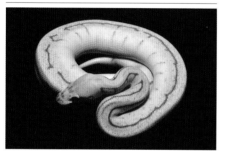

スーパーレッサーゴースト
レッサー＋レッサー＋ゴースト

ラテ（ブルーアイリューシスティック）
モカのスーパー体（優性形質）

ブルーアイリューシスティック
モカ＋モハベ

ルッソ　共優性遺伝

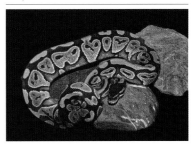

ブラックアイリューシスティック
ホワイトダイヤモンド
（ルッソのスーパー体）

ブルーアイリューシスティック　　ルッソ＋モハベ

スポットノーズ　共優性遺伝

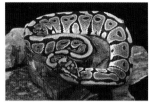
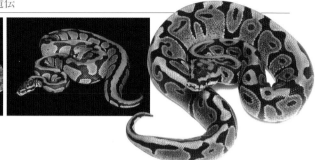

スポットノーズイエローベリー
スポットノーズ＋イエローベリー

スーパーパステル
スポットノーズ
スポットノーズ＋パステル＋パステル

モハベスポットノーズサイレン
スポットノーズ＋モハベ＋ホフマン＋シナモン

シャンパン
共優性遺伝

シャッターシャンパン
シャンパン + シャッター

パステルシャンパン
シャンパン + パステル

スーパーパステル
シャンパン
シャンパン + パステル + パステル

パスタベシャンパン
シャンパン + モハベ + パステル

パステルエンチシャンパン
シャンパン + エンチ + パステル

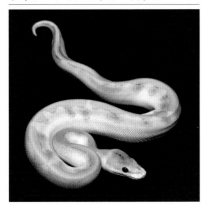

シャンパンモハベコーラルグロウ
シャンパン + モハベ + コーラルグロウ

GHI　共優性遺伝

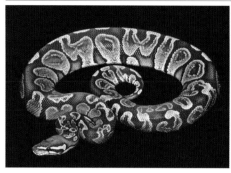

スーパーGHI
GHIのスーパー体（優性形質）

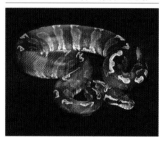

VPIアザンティックGHI
GHI＋VPIアザンティック

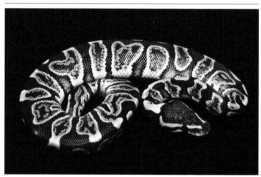

エンチGHI　GHI＋エンチ

シャンパンGHI　GHI＋シャンパン

レッサーGHI
GHI＋レッサー

GHIスパイダー
GHI＋スパイダー

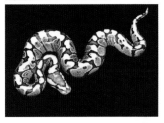

GHIモハベ　GHI＋モハベ

FlachラインGHIモハベ
GHI＋Flachラインモハベ

GHIレッサー
GHI＋レッサー

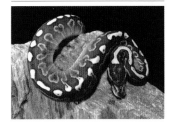

GHIノコスペシャル
GHI＋ノコスペシャル

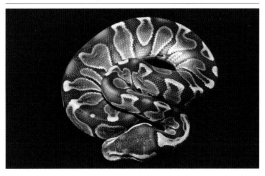

GHIバナナ　GHI＋バナナ

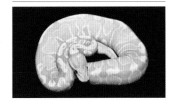

パステルチョコレートGHI
GHI＋パステル＋チョコレート

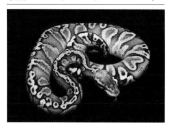

シルバーパステルタイガーGHI
GHI＋シルバーパステル＋タイガー

パステルバンブーGHI
GHI＋パステル＋バンブー

ファイアレッサーGHI　GHI＋ファイア＋レッサー

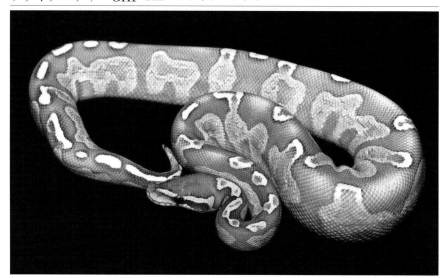

マホガニー 共優性遺伝

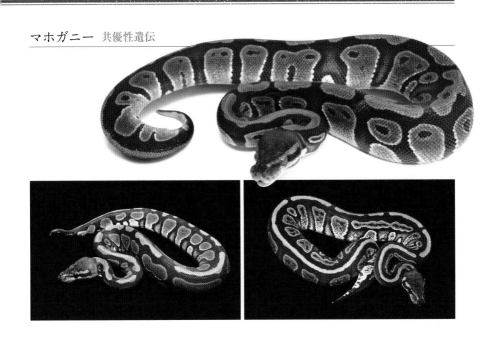

バニラ 共優性遺伝

ブラックポーション マホガニー＋モハベ

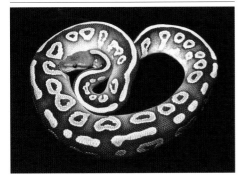

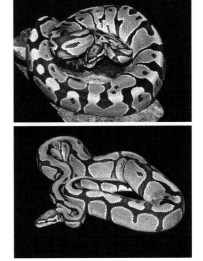

パステルバニラ バニラ＋パステル

スーパーバニラ
バニラのスーパー体（優性形質）

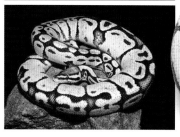

スーパーバニラパステル
バニラ＋バニラ＋パステル

バニラクリーム
バニラ＋ファイア

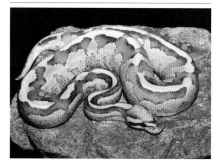

スーパーバニラキャリコ
バニラ＋バニラ＋キャリコ

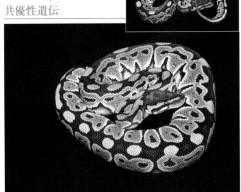

スペシャル
共優性遺伝

クリスタル
モハベ＋スペシャル

パステルスペシャル
スペシャル＋モハベ＋パステル

パステルクリスタル
スペシャル＋モハベ＋パステル

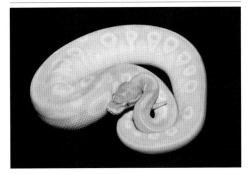

ノコラインスーパースペシャル
ノコラインスペシャル＋ノコラインスペシャル

ミスティックポーション
ミスティック＋モハベ

ミスティック　共優性遺伝

インビジブル
ミスティック＋ルッソ

パステルミスティックノコスペシャル
ミスティック＋パステル＋ノコスペシャル

オパールダイヤモンド
ミスティック＋ルッソ

ファントム　共優性遺伝

スーパーファントム
ファントムのスーパー体（優性形質）

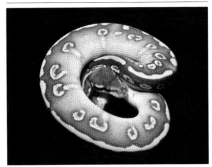

ファントムビー
ファントム＋パステル＋スパイダー

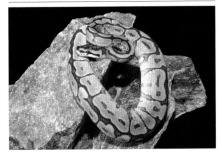

ファントムレッサー
ファントム＋レッサー

ファイア　共優性遺伝

パープルパッション
ファントム＋モハベ

スーパーファイア
ファイアのスーパー体（優性形質）

ファイアフライ
ファイア＋パステル

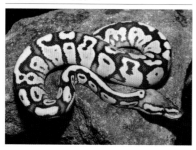

バンブルビーファイアフライ
ファイア＋パステル＋スパイダー＋パステル

シトラスフライホワイトアウト
ファイア＋シトラスパステル＋
ホワイトアウト

レモンバック
共優性遺伝

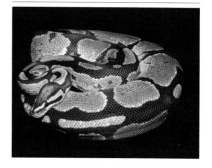

フリーウェイ　アスファルト＋イエローベリー

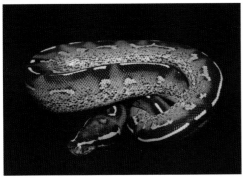

レオパードフリーウェイ
レオパード＋アスファルト＋
イエローベリー

GHIレッサーフリーウェイ
アスファルト＋イエローベリー＋GHI＋レッサー

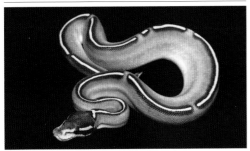

ハイウェイモハベ
ハイウェイ＋モハベ

スーパーパステルハイウェイ
パステル＋パステル＋グラベル＋
イエローベリー

プーマ
スパーク＋イエローベリー

パステルプーマ
パステル＋スパーク＋イエローベリー

シトラスプーマ
パステル＋イエローベリー＋ブラックパ
ステル＋ヘテロレッドアザンティック

スティンガープーマ
スパイダー＋エンチ＋
スパーク＋イエローベリー

ヒドゥンジンウォマ（HGW）
共優性遺伝

ヒドゥンジンウォマエンチ
ヒドゥンジンウォマ＋エンチ

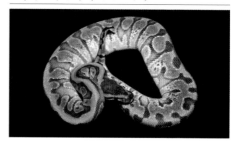

ソウルサッカー　ヒドゥンジンウォマ＋レッサー

スーパーエンチバンブー
ヒドゥンジンウォマ
ヒドゥンジンウォマ＋エンチ＋
エンチ＋バンブー

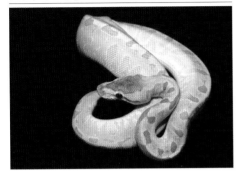

ソウルサッカーバナナ
ヒドゥンジンウォマ＋レッサー＋
バナナ

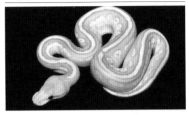

ホフマン
共優性遺伝

パステルホフマン
ホフマン＋パステル

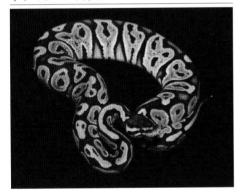

モハベホフマン
ホフマン＋モハベ

サイレン
ホフマン＋シナモン

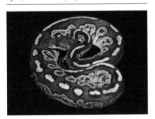

ヘテロレッドアザンティック
共優性遺伝

パステルヘテロレッドアザンティック
ヘテロレッドアザンティック＋パステル

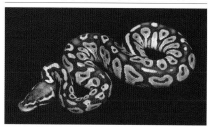

オニキス
ヘテロレッドアザンティック＋
ブラックパステル

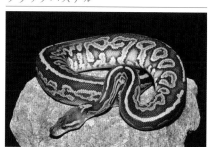

パステルイエローベリーオニキス
ヘテロレッドアザンティック＋ブラック
パステル＋パステル＋イエローベリー

パステルヘテロレッドアザンティックオレンジドリーム
ヘテロレッドアザンティック＋パステル＋オレンジドリーム

ガーゴイルバンブー
ガーゴイル＋バンブー

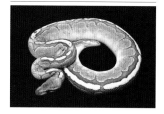

ガーゴイル
ヘテロレッドアザンティック＋シナモン

オニキスゴースト
ヘテロレッドアザンティック＋
ブラックパステル＋ゴースト

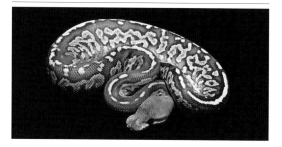

エイトボール
シナモン＋ブラックパステル

スーパーシナモン
シナモンのスーパー体（優性形質）

シナモン　共優性遺伝

シナモンレッサーウォマ
シナモン＋レッサー＋ウォマ

サイプレス
共優性遺伝

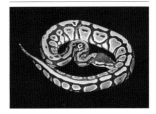

スーパーシナモンラベンダーアルビノ
シナモン＋シナモン＋ラベンダーアルビノ

シナモンスポットノーズピンストライプ
シナモン＋スポットノーズ＋ピンストライプ

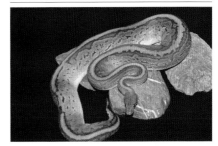

サイプレスゴースト
サイプレス＋ゴースト

サイプレスモハベ
サイプレス＋モハベ

ブラックパステル
共優性遺伝

ブラックパステルイエローベリー
ブラックパステル＋イエローベリー

ブラックパステルピンストライプ
ブラックパステル＋ピンストライプ

ブラックパステルGHI
ブラックパステル＋GHI

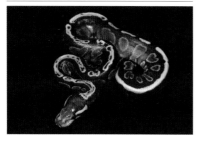

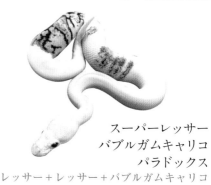

スーパーレッサー
バブルガムキャリコ
パラドックス
レッサー＋レッサー＋バブルガムキャリコ

ブラックパステルコーラルグロー
ブラックパステル＋コーラルグロー

ブラックパステルレッサーバナナ
ブラックパステル＋レッサー＋バナナ

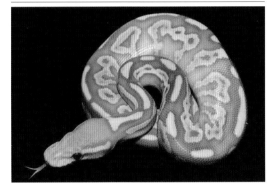

シルバーストリーク
ブラックパステル＋パステル＋パステル

ブラックパステルドリームビー
ブラックパステル＋
オレンジドリーム＋スパイダー

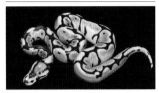

ブラックパステルフレームピンストライプ
ブラックパステル＋フレーム＋
ピンストライプ

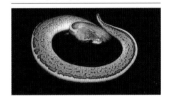

ブラックパステルピューターモハベ
ブラックパステル＋パステル＋
モハベ

シルバーストリークフェーダー
ブラックパステル＋パステル
＋パステル＋フェイダー

シルバーストリークピン
パステル＋パステル＋シナモン＋
ピンストライプ

スーパーブラックパステル
ブラックパステルのスーパー体
（優性形質）

チョコレート
共優性遺伝

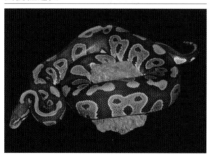

スーパーチョコレート
チョコレートのスーパー体（優性形質）

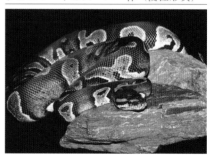

チョコレートファイアフライ
チョコレート＋ファイア＋パステル

スーパーチョコレート
バターゴースト
チョコレート＋チョコレート
＋バター＋ゴースト

セーブル
共優性遺伝

セーブルシャンパン
セーブル＋シャンパン

パスタベシャンパンセーブル
セーブル＋パステル＋モハベ＋
シャンパン

レッドデビル
レッドストライプ＋レッドストライプ＋
ジェネティックストライプ

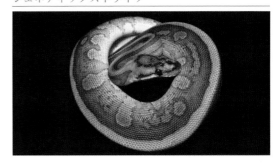

スーパーレッドストライプ
レッドストライプのスーパー体（共優性遺伝）

レッドストライプパスタベフェーダー
レッドストライプ＋パステル＋モハベ＋フェーダー

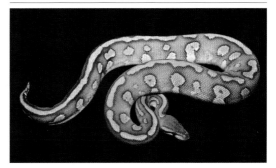

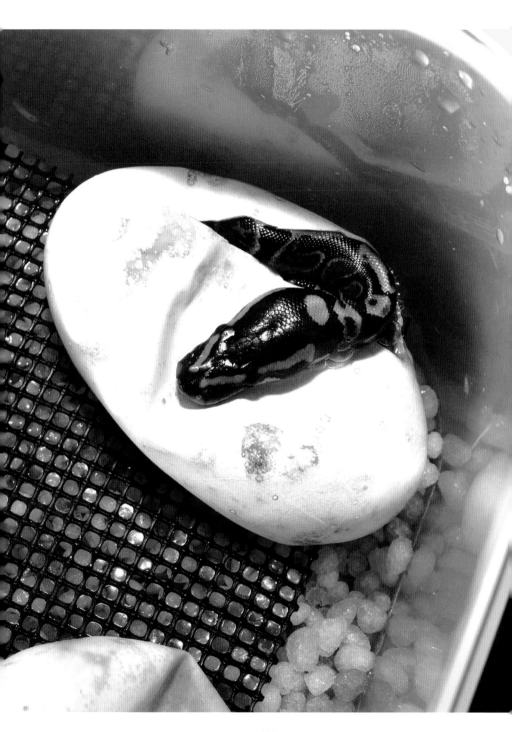

繁殖

—— b r e e d i n g ——

国内外の熱心なブリーダーに殖やされ、現在のような多彩な品種が誕生しました。
繁殖も十分チャレンジできるボールパイソンですが、注意点があります。
繁殖させた個体を不特定多数に販売する場合は
現在、資格を取得していないとできない状況です。
将来を見据えて取り組みましょう。

LESSON

01

繁 殖 さ せ る 前 に

　繁殖に取り組む前に知っておきたいことがいくつかあります。

　まず、繁殖させた個体を売って儲けられるかどうか。こういった考えでボールパイソンを始める初心者も稀にいますが、現在、繁殖させた個体を販売するには動物取扱業の免許が必要となっています。ブリーダーズイベントで自身が殖やした仔ヘビを販売している方々は全員、その免許を取得しています。繁殖させた個体を全て自分で飼うのであれば必要ありませんが、初めてボールパイソンを飼育したいという人には、スペースや世話など時間と労力を考えると現実的ではありません。

　それと、繁殖させるには、最低でもオスとメスの2匹が必要です。それも、性成熟したサイズで、しっかりと育て上げられた2匹がいなければなりません。メスにとって、体内で卵を作り、産卵という一大イベントはとても体力を要するものです。

　雌雄判別についてですが、たいていは販売時に明記してあるので最初からわかっていることが多いです。先述したとおり、わからない場合はお店の人にポッピング（オスの生殖器を外へ押し出して判別する方法）してもらうか、プロービング（プローブまたはセックスプローブを総排泄口に挿入し、入った長さで判断）で判断できますが、初心者には難しいので、専門店のスタッフに依頼してください。

飼育個体数に比例してスペースと世話の時間も増えるし、必要な餌量も増える。繁殖させる前に、殖えてからどうするのかよく考えてから取り組まねばならない

LESSON

02

ペアリングから交尾・産卵・孵化

　通常、ボールパイソンは1匹ずつ飼育します。性成熟の目安は、オスで体重1kg以上、メスで1.5kg以上。特にメスはしっかりと育て上げてください。交尾させる1カ月ほど前から夜間の温度を24℃程度に下げ、注意深く様子を見ます。メスがそれまでと異なる行動、たとえば涼しい場所ばかり好んだり、腹部を上にしてとぐろを巻いたりしたら、準備ができているサインの1つ。メスが餌をほしがるなら、食べるだけ与えて十分な栄養を摂らせましょう。この時期にオスとメスを同居させます（ペアリング）。オスはメスを見つけると身体を押し付けたりして、交尾しようと試みます。受け入れる準備のできたメスは尾を持ち上げ、オスはメスの尾に絡ませるようにして交尾が成立します。交尾がうまくいかないようなら、ペアを離して数日間空け、再度、同居させてみます。ペアリングは何度か繰り返すと良いでしょう。なお、交尾は数時間にも及びます。

　ペアリングが終わったら、雌雄を離します。メスは食欲が落ちて攻撃的になることが多いです。産卵の1カ月弱前に脱皮が見られるので、産卵日の目安とすることもできます。産卵は通常、年に1度、4〜8卵産み落とされます。鶏卵大の卵で、ケース内に産み落とされますが、別にやや湿らせた水苔を入れた容器を設置すると、その中に潜って産み落とされることもあります。

　産卵を終えた母親は守るように、卵のまわりでとぐろを巻きます。頭にタオルをかけてそっととぐろを解いて母親から卵を取り上げるのですが、卵はくっ付いていることもよくあります。無理に離さずそのまま孵卵するようにしましょう。孵卵材としては爬虫類用の製品のほか、パーライトやバーミキュライト、それらを混ぜ合わせたものなどが使われています（パーライトとバーミキュライトは園芸店やホームセン

ターなどで容易に入手可）。孵卵材と水は同じか、水が少ない程度に混ぜ合わせ、湿度を保たせます。卵の上には印や産卵日を忘れずにメモしておきましょう。日付は別の紙に書いておいてもかまいません。卵の上下がわかるようにしておけば大丈夫です。出産を終えた母親は痩せています。落ち着かせながら餌を与えて元の体重に戻していきます。卵のにおいの付いた床材などがあれば交換してください。

　孵卵温度は30〜32℃、湿度は100%（ただし、びちゃびちゃにした孵卵材の上に置かないように。卵が死んでしまいます）で、約2カ月で孵化します。タッパウェアやプラケースなどにやや湿らせた孵卵材を入れて卵を並べ、小さな穴を空けて孵卵しますが、温度管理はブリーダーさんによってさまざまで、爬虫類用の孵卵器（インキュベーター）もあれば、発泡スチロールの箱を改造して自作の孵卵器で管理しているケースもあります。亀裂が入って幼体が顔を出していよいよ孵化です。

　幼体は親と違った皮膚感をしておりデリケートなので、湿らせた水苔などのウエットシェルターを設置し、高めの温度（30℃ほど）で育成します。1週間から10日ほどは餌を食べませんが、水入れは設置しておきます。生後10日ほどで最初の脱皮（ファーストシェッド）を行うと餌を食べ始めます。仔ヘビにとっては全てが初めての体験です。ファジーマウスかピンクマウスを解凍後、やや温かいと感じるくらいにしてから与えますが、ピンセットを怖がって食べてくれないかもしれません。温めたファジーマウスが食べないのであれば、置き餌にしてみるか、数日後に再チャレンジする、もしくは餌のサイズを小さくしてみます。

ボールパイソンのQ&A

解答 長友瑞生

Q 初めての爬虫類飼育 ボールパイソンは 適切ですか？

ボールパイソンはコーンスネークなどのナミヘビの仲間と比べてベビーの頃から体型が大きめなので、少しの環境の変化では調子を崩しにくく丈夫なため飼いやすいヘビだと思います。もし拒食状態に陥った場合や軽い疾病に悩まされた場合でも、他のナミヘビやレオパ（ヒョウモントカゲモドキ）などの人気種よりも体力がある分、対策を練ることのできる時間が長い点が良いところかと思います。

Q ボールパイソンはどこで 購入すればいいですか？

今の時代、ホームセンターや商業施設の中の総合ペットショップ・爬虫類のイベントでもボールパイソンを見かけられ、さまざまなところから迎えられるようになりました。初心者の場合、最初の1匹はやはり専門ショップで店員と相談しながら購入することをおすすめします。たくさんの個体たちから選べるし、飼育器具も豊富に取り扱っているので、アドバイスを受けながら自分に合った飼育を始められると思います。逆に、おすすめできないのはイベントで最初の1匹をお迎えすることです。よりたくさんの中から選べはしますが、イベント会場ではゆっくりと個体について説明を受けることもなかなかできないし、個体を十分に観察できないまま購入してしまうことがほとんどです。そういったことも含めて、ゆっくりと専門ショップで相談しながらの初めての1匹を迎えるのがベストだと思います。

専門店はスタッフにアドバイスを受けながら個体選びができるし、購入後の相談もできるのが嬉しい

Q ボールパイソンは パネルヒーターだけで 飼育できますか？

住宅事情や個体差があるので、それだけで飼育できる個体もいるというだけです。筆者の場合、必要な気温が得られない際は、ケージの上から保温球などを点けることをおすすめしています。1日の中でも温度が変化したり、季節の移り変わりなどもありますが、1年を通して安定した温度で飼育できるように工夫しましょう。

Q ボールパイソンの寿命は どのぐらいですか？

平均して10年前後と言われていますが、20～30年生きた記録もあるようなので、上手に飼育ができれば20年前後飼育を楽しめるヘビだと思います。

Q ボールパイソンは 噛みつきますか？

基本的に温厚で噛むことは少ない種類とは言われていますが、餌を必要以上にやらなかった場合や目の比較的悪いモルフ（アルビノ系・コーラルグロウやバナナ系）の顔の前に手を出したりすると噛まれることがあります。噛まれるのが怖い場合は、お迎えの際に直接店頭でハンドリングさせてもらい、体が適度に柔らかく、ゆっくりでものびのびと動き回る個体が良いかと思います。体が固くあまりのびのび動かない個体は緊張しやすく、気が立ちやすい傾向にある印象です。

Q ハンドリングはどのように すると良いですか？

基本的には両手の平で支え、接地面積が多くなるように持つと良いです。顔の前などに手を出すと驚くので気をつけましょう。

Q 雌雄はどのようにすれば わかりますか？

ボールパイソンに限らずヘビの仲間は比較的雌雄の判別を外見で区別するのは難しいです（尾の長さなどで判断できることもありますが）。総排泄口からヘビの性器であるヘミペニスを押し出して判別する「ポッピング」という方法と、専用のキットを使い総排泄口に器具を差し込み、その深さで雌雄を判別する「プロービング」という2つの方法があります。慣れない間はヘビをお迎えしたショップやブリーダーさんに判断してもらうのが良いでしょう。

プロービングをしてもらっているところ。初心者はお店のスタッフに確認してもらったほうが良い

Q おすすめの個体や モルフの選びかたは ありますか？

店頭ではかなり聞かれる質問で、他の専門書にもあまり書かれていないことですが、まず第1に餌食いの良い個体というのが大切です。餌を食べているかのみだけではなく、「食べているマウスのサイズ」や「与えている間隔」「ピンセットから食べるか」などの質問をしたほうが良いと思います。また、小さい頃から育てたい人も、最初に飼育する個体はアダルトマウスMサイズぐらいを食べられる少し育ったサイズがおすすめ。できればハンドリングさせてもらい、満足できる個体ならば大丈夫

だと思います。モルフに関しては自分が好きなものを飼育すればいいと思いますが、個人的におすすめなモルフを遺伝ごとに選んでみました。まずは劣性遺伝だと「アルビノ」と「クラウン」です。アルビノは色彩が派手で単体でも存在感があるモルフです。目が悪い分、お腹が空いている時に当てずっぽうで飛んでくるところに注意は必要ですが、やはり良いモルフです。クラウンは派手さこそないですが、ノーマルに近いパターンのモルフをよく見た後にクラウンを見ると、いかに変化に富

アルビノ

クラウン

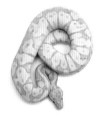

シトラスパステルコーラルグロウ（左）とパステルコーラルグロウ（右）の比較。品種だけではなく、同品種でも血統や個体差があるので注目してみると個体選びはより楽しくなる

パステル

んでいるかわかります。リデュースなどになるとなおさらです。続いて、ボールパイソンのモルフの中でも主役級のモルフが多い共優性遺伝。おすすめは「シャンパン」と「パステル」です。シャンパンはこちらも単品で綺麗だし、体色だけでなく目がエクリプスアイっぽく黒みが強くかわいらしい印象を受けます。パステルは品種改良には欠かすことのできない品種で、作る人のライン（血統）によってさまざまな個体が存在するため、コレクション性も高いです。最後に優性遺伝ですが、や

はり「キャリコ」がおすすめです。パステルと同様、ラインによって「シュガー」や「バブルガム」などの種類があり、腹部のサイドの柄に変化を起こすモルフですが、個人的にはバブルガムの赤みのある深い色合いが好きです。その他にも魅力的なモルフはまだまだたくさんあるので、専門ショップに行き、見識を広げるのが良いかと思います。

パステルバブルガムキャリコ

シャンパン

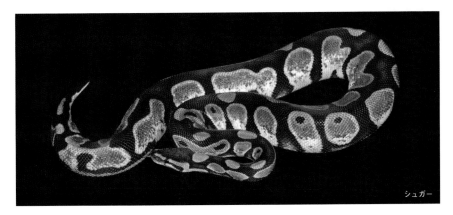

シュガー

Q 餌の適正サイズはのぐらいですか？

基本的には、飼育しているボールパイソンの頭部と与えるマウスの頭部が同等のサイズなら食べられます。ボールパイソンは太短い体型をしたヘビなので、少ししんどそうに食べているぐらいのイメージでちょうど良いのかもしれません。今までの餌をほんの数分で食べてしまうようならばサイズアップを考える時期と考えても良いでしょう。

餌を飲み込むボールパイソン

Q ボールパイソンが餌を食べてくれなくなりました。どうすればいいですか？

多くの理由が考えられますが、まず最初に考えられるのは、「餌の温度が低い」や「餌の動かしかた」が気に入らないパターンです。ピット器官が発達しているニシキヘビならではの食い好みをしているのかもしれません。対応策としては、餌の温度を上げたり、餌の動かしかたを工夫するしかないと思います。専門ショップの人に給餌を見せてもらったりすると良いかもしれません。よく活動し、舌をよく出すのに食べない場合は、「餌が気に入らないパターン」か「気温が低過ぎる」ということも考えられます。もう1つは、季節的な温度の急激な変化によるものや、発情からくるいわゆる「拒食状態」になってしまっているパターンです。こういう場合の対応策はいろいろありますが、まずは体重を定期的に測るのが良いと思います。多くの場合、拒食を起こした個体というのは餌を食べない割に体重が急激に落ちたりはしません。拒食した個体はあまり動かずにじっとしていることが多く、代謝を抑えているからです。また、体重が急激に落ちていく場合は、病気か寄生虫に侵されている危険性があるので要注意。では、通常の「拒食状態」をどうすれば良いのかですが、飼育環境に問題が見当たらない場合は、とりあえず水だけを交換し様子を観察します。無理に餌をやろうとせず、活発に活動し始めた時に餌を与えてみるのが良いかもしれません。すぐに「拒食状態」を脱したい場合は、水容器は浸かれるサイズを設置して、個体がすっぽり入れるようなシェルターを入れ、ケース内の温度を30〜32℃前後にし、湿度を高めて飼育ケース内が少しむわっとする程度にすれば良いと思います。床材にペットシーツなどを使用している環境のほうが多く見られ、自分も決してそれが悪いとは思いませんが、拒食をした場合、水を含みやすい土（目の荒いパームマットなど）を用いるか、ペットシーツなら予め少量の水を含ませておくと良いで

しょう。より良い環境に変えてあげること以外にも、単純に餌の種類を変えてみるとボールパイソンの餌への反応に変化が起こるかもしれません。たとえば、よく行くショップで買った冷凍マウスを食べない場合はいつもと違う場所で冷凍マウスを購入して与えてみるのも1つの手段だと思います。冷凍マウス以外の冷凍餌（ラットやヒヨコ・ウズラなど）を試すのも良いのではないでしょうか。拒食した個体に活マウスをやればすぐ食べるという話をよく聞きますが、当店ではあまりおすすめしていません。強い個体なら問題ないですが、マウスに反撃されて怪我をしたりトラウマを抱える個体もいるからです。爬虫類は心の傷も外傷も治るまでに、長く時間がかかる傾向があります。もし、捕食できたとしてもそこから活マウスしか食べなくなったり、管理がたいへんになってしまううえ、コストパフォーマンスが悪いことも理由の1つです。何より個体の性格が荒々しくなることがあります。よく耳にする事例だし、私自身も実感しています。小型のニシキヘビであるボールパイソンですが、荒くなると怖いし世話がしにくくなってきます。ですから、活マウスは最終手段だと思ってください。

ボールパイソンの口が汚れています。

単純に脱皮の皮が残っているケースもありますが、ひどい場合は「マウスロット」と言われるものになります。ひどい場合は口から白いゼリー状のものが出てきて、口の中がだんだん壊死してくるので注意。無理に自分で対応せず、ケース内を清潔に保ち、高温多湿にして早めに爬虫類を診てもらえる動物病院に連れていくのが一番です。

「ヒューヒュー」と呼吸音が聞こえてきますが、体調が悪いのですか？

基本的にヘビ全般に言えることですが、よほどのことがないかぎり呼吸音が聞こえることはありません。それが聞こえてくるなら「呼吸器疾患」の疑いがあります。こちらも飼い主さんが直接できることは少ないので、清潔にして高温多湿にし、早い段階で動物病院に行くことを推奨します。動物病院への移動の際も温度が落ちないように気をつけましょう。

脱皮に失敗してしまったのですが、どうすればいいですか？

適切な湿度で飼育できていなかったり、体を擦り付けられる所が何もないとよく起きます。特に乾燥しやすい冬場に起こりやすいです。まず個体を温浴するのですが、ぬるいお湯を溺れない深さに張り、少し長めに10〜20分程度入れてから剥いていきます。不全になっている個所が小さい場合はすぐ終わりますが、大きい場合は頭から尻尾に向けて剥いていくように意識しましょう。うまくいくときれいに剥けて気持ち良いです。毎回失敗してしまう個体は、普段から湿度に気をつけて、定期的にアリオンシェッドなどで皮膚の新陳代謝を高めておくと良いでしょう。

アリオンシェッド。爬虫類専門店などで入手可

Q | ボールパイソンの体に細かい黒い虫が付いています。

ダニだと思われます。放置すると肌が荒れてきて、小さなかさぶたまみれになり、食欲もなくなってきて弱ってきます。ひどい時は痒すぎて不思議な行動をしたり、最悪の場合はショック死することもあると言われています。飼育個体をよく観察し、ケージ内を常に清潔に保っていればよほど発生しないのですが、発生してしまったら即対応するべきです。まずボールパイソンの入っていたケージやその他の器具を熱湯などで消毒して乾かします。飼育個体は温浴を5〜10分ほど行ない、ピンセットなどでヘビを傷付けないようにダニを取り除きます。一度に全て取り除くのは難し

いので、間隔を空けて行うと良いでしょう。一度に行なうとボールパイソンにかなりのストレスを与えることになるし、ダニの卵が身体に付着している場合は見えないサイズのため除去しきれず、また発生してしまうおそれもあります。注意点としては、他にヘビやその他の生き物を飼っている場合はダニがそこから移る危険性があるので、ダニが発生している個体を隔離します。なお、新しい生体をお迎えする時もダニが発生しやすいと言われているので注意。ダニの除去が難しい場合は、購入先の専門店のスタッフに相談するか、動物病院へ連れて行きましょう。

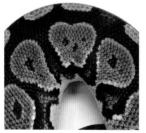

さまざまな模様。1匹1匹、さまざまな模様が入っていてユニークです